사막과 물

땅이 바싹, 목이 바짝!

사진출처

셔터스톡_ 19p 그레이트베이슨 사막, 한랭 사막 / 20p 열대 사막 / 21p 해안 사막 / 23p 우유니 소금 사막 / 24p 사하라 사막 / 25p 고비 사막, 아타카마 사막 / 28p 모래 폭풍 / 29p 모래 폭풍 속 도시 / 56p 베두인족 / 57p 몽골 유목민 / 59p 사막의 흙집, 몽골의 게르 / 60·113p 선인장 / 61·113p 바오밥나무, 웰위치아 / 62p 단봉낙타, 쌍봉낙타 / 63p 도깨비도마뱀, 사막여우 / 66p 사막뿔살무사 / 67p 보아뱀 / 75p 대추야자 농장 / 76p 수차 / 77p 수도교 / 95p 사막화 피해 / 97p 황사 피해 / 106p 두바이 사막 / 107p 아라비아영양

연합뉴스_ 21p 신두리 해안 사구 / 45p 두바이 태양광 발전 단지 / 99p 리비아 대수로 공사

통합교과 시리즈

참 잘했어요 과학 35

땅이 바싹, 목이 바짝! 사막과 물

ⓒ 신방실, 2024

1판 1쇄 발행 2024년 12월 30일

글 신방실 | **그림** 권도언 | **감수** 서울과학교사모임
펴낸이 권준구 | **펴낸곳** (주)지학사
편집장 김지영 | **편집** 박보영 이지연 | **교정교열** 김새롬
디자인 이혜리 | **마케팅** 송성만 손정빈 윤술옥 이채영 | **제작** 김현정 이진형 강석준 오지형
등록 2010년 1월 29일(제313-2010-24호) | **주소** 서울시 마포구 신촌로6길 5
전화 02.330.5263 | **팩스** 02.3141.4488 | **이메일** arbolbooks@jihak.co.kr
ISBN 979-11-6204-183-3 73400

잘못된 책은 구입하신 곳에서 바꿔 드립니다.

 제조국 대한민국 **사용연령** 8세 이상
KC마크는 이 제품이 공통안전기준에 적합하였음을 의미합니다.

 지학사아르볼 아르볼은 '나무'를 뜻하는 스페인어. 어린이들의 마음에 담긴 씨앗을 알찬 열매로 맺게 하는 나무가 되겠습니다.

홈페이지 www.jihak.co.kr/arbol | **포스트** post.naver.com/arbolbooks

통합교과 시리즈
참 잘했어요 과학 35

사막과 물

땅이 바싹, 목이 바짝!

글 신방실 | 그림 권도언
감수 서울과학교사모임

지학사아르볼

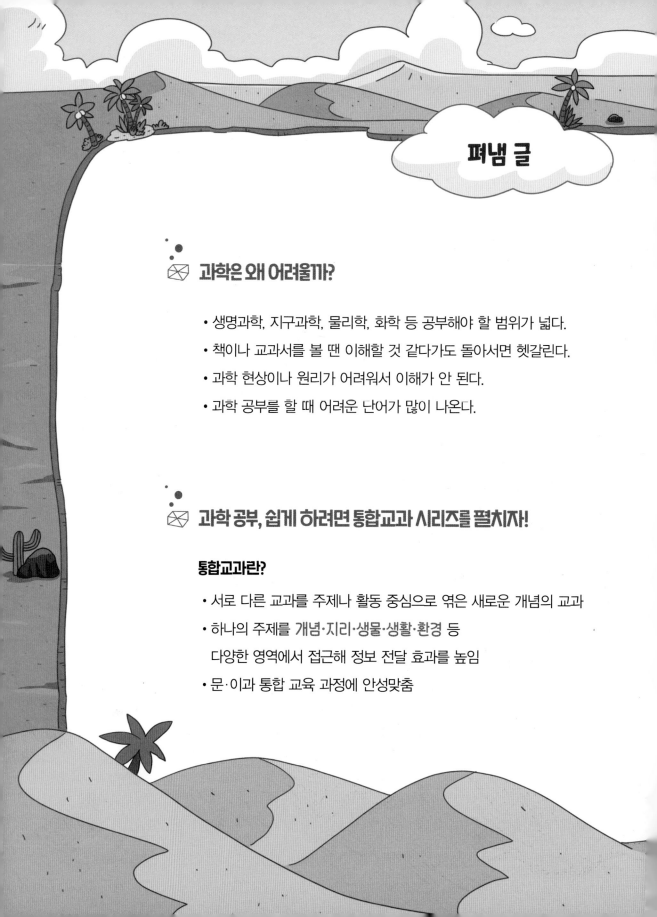

펴냄 글

✉ 과학은 왜 어려울까?

- 생명과학, 지구과학, 물리학, 화학 등 공부해야 할 범위가 넓다.
- 책이나 교과서를 볼 땐 이해할 것 같다가도 돌아서면 헷갈린다.
- 과학 현상이나 원리가 어려워서 이해가 안 된다.
- 과학 공부를 할 때 어려운 단어가 많이 나온다.

✉ 과학 공부, 쉽게 하려면 통합교과 시리즈를 펼치자!

통합교과란?

- 서로 다른 교과를 주제나 활동 중심으로 엮은 새로운 개념의 교과
- 하나의 주제를 개념·지리·생물·생활·환경 등
  다양한 영역에서 접근해 정보 전달 효과를 높임
- 문·이과 통합 교육 과정에 안성맞춤

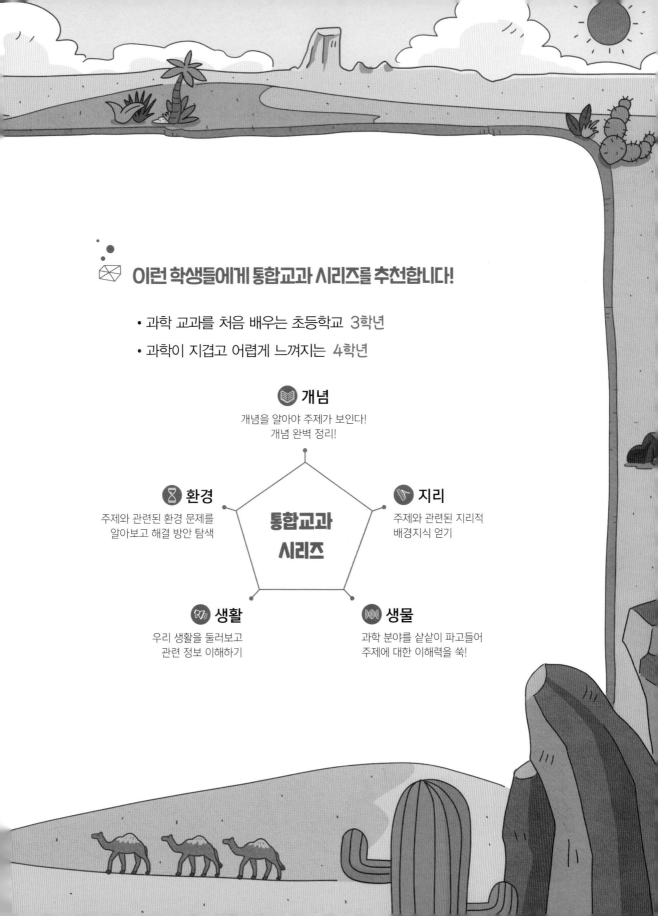

✉ 이런 학생들에게 통합교과 시리즈를 추천합니다!

• 과학 교과를 처음 배우는 초등학교 3학년

• 과학이 지겹고 어렵게 느껴지는 4학년

📗 개념
개념을 알아야 주제가 보인다!
개념 완벽 정리!

⌛ 환경
주제와 관련된 환경 문제를
알아보고 해결 방안 탐색

📐 지리
주제와 관련된 지리적
배경지식 얻기

**통합교과
시리즈**

💿 생활
우리 생활을 둘러보고
관련 정보 이해하기

🧬 생물
과학 분야를 샅샅이 파고들어
주제에 대한 이해력을 쑥!

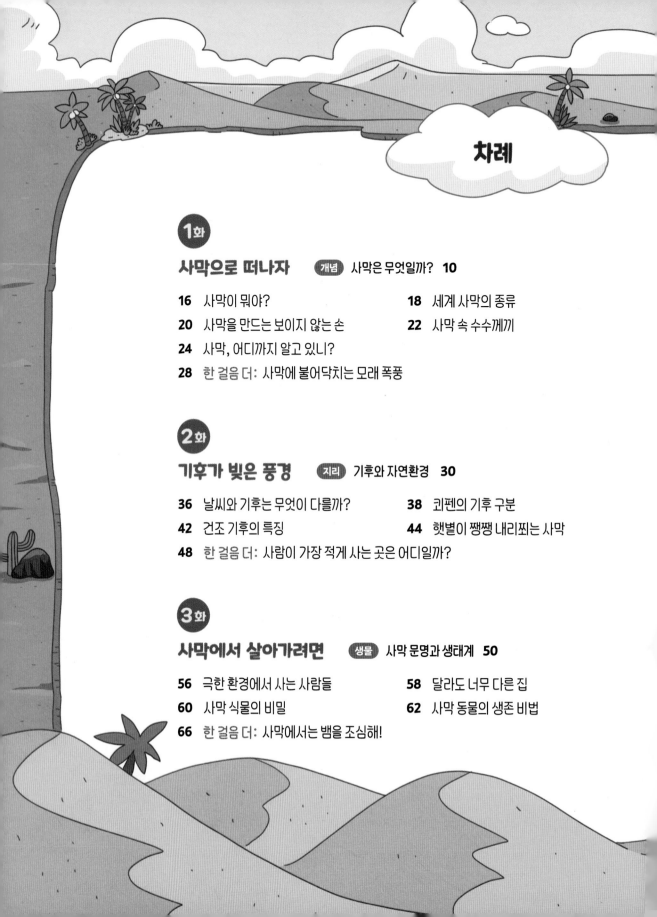

차례

등장인물

이모

아인이의 이모예요. 자연을 사랑하고
지키고 싶은 마음에 미국 국립 공원 관리
대원으로 일하고 있지요. 아인이네 가족을
사막으로 초대해 이끌어요.

아인

호기심이 많고 모험을 좋아하는
여자아이예요. 손꼽아 기다린
여름 방학을 맞아 가족과 함께
미국 서부로 여행을 떠나요.
그곳에서 지금껏 몰랐던 사막의
매력을 찾게 되지요.

나비

북아메리카 남서부에 사는 원주민 나바호족 남자아이예요. 자신의 뿌리를 자랑스럽게 여기며 전통을 이어 가지요. 어려운 상황에 놓인 아인이에게 친절을 베풀어요.

사막여우

사막에서 살아가기 위해 귀가 크며 발바닥에도 털이 나 있어요. 혹시 자기 별을 떠나 지구 사막에 온 《어린 왕자》 이야기를 아나요? 어린 왕자가 돌아간 뒤 사막여우는 외로워하다가 아인이를 만나 친구가 돼요.

한랭 사막 ● 온대 사막 ● 열대 사막

그레이트베이슨
사막
소노라
사막

아타카마
사막

극 대륙

· 사막이 뭐야?
· 세계 사막의 종류
· 사막을 만드는 보이지 않는 손
· 사막 속 수수께끼
· 사막, 어디까지 알고 있니?

한눈에 쏙 사막은 무엇일까?
한 걸음 더 사막에 불어닥치는 모래 폭풍

엄마, 미국에도 사막이 있어요?

그럼. 모하비 사막부터 소노라 사막, 치와와 사막, 그레이트베이슨 사막까지 네 개나 있는걸.

사막은 더운 나라에만 있는 줄 알았는데!

진짜네!!

엄마도 이번 여행을 준비하면서 알았어.

사막이라니 정말 기대되지 않니?

난 디즈니랜드도 재밌을 것 같은데….

예휴•••

★ **여호수아** 기독교 《성경》에 나오는 인물로, 영어로는 '조슈아'로 불림.

사막이 뭐야?

타들어 가는 듯한 열기와 거친 모래바람, 가도 가도 끝없는 메마른 땅 하면 떠오르는 장소가 있나요? 그래요, 사막이에요. 지구의 숨은 보석, 사막으로 떠날 준비가 됐나요?

사막을 정하는 기준

사막은 한자로 '沙漠' 또는 '砂漠'이라고 쓰며, 한자를 풀이하면 모래로 덮인 넓은 곳을 의미해요. 그런데 영어 'desert'에는 버려진 땅이라는 뜻이 담겨 있어요. 버려진 땅으로 불리게 된 이유는 생명이 살아가는 데 꼭 필요한 물이 부족하기 때문이에요.

사막을 정하는 기준은 무엇일까요? 바로 강수량이에요. 강수량은 어떤 곳에 일정 기간 동안 비, 눈, 우박, 안개 따위로 내리는 물의 양을 뜻하지요. 일반적으로 연평균 강수량이 250밀리미터 미만인 지역을 사막이라고 해요. 우리나라 연평균 강수량은 1,300밀리미터 정도인데, 이와 비교하면 5분의 1에도 못 미치지요.

사막은 강수량보다 증발량이 많은 지역이기도 해요. 내리는 물이 적은데 그마저도 뜨거운 열기에 수증기로 변해 날아가니까 끝없이 건조해질 수밖에요. 이러한 환경에서는 생물이 살아가기 힘들어요.

그런데 놀라운 점은 지구 전체 육지 가운데 사막이 차지하는 면적이 10분의 1이나 된다는 거예요. 지구에 어떻게 이토록 넓은 사막이 만들어졌을까요? 헤아릴 수 없을 정도로 사막을 가득 채운 모래는 어디에서 온 거고요? 또 이렇게 넓은 땅이 텅 비어 있다는 게 말이 될까요? 지금부터 하나하나 알아보기로 해요.

추운 극지방에도 사막이 있다?

세계 4대 사막을 꼽으면 북아프리카의 사하라 사막, 중앙아시아의 고비 사막, 남아메리카의 아타카마 사막, 그리고 남극이에요. 놀랍겠지만 눈과 얼음으로 덮인 남극과 북극, 두 극지방에도 사막이 있어요. 사막을 정하는 기준은 기온(공기의 온도)이 아닌 강수량이니까요. 매우 춥고 강수량이 적어 건조한 남극 대륙은 세계에서 가장 큰 사막이랍니다.

너무 추워서
공기 중 수분까지
얼거든!

남극이
사막이라고?

세계 사막의 종류

지구본을 보면 가로선과 세로선이 그어져 있어요. 지구 위 위치를 나타내기 위해 그은 것으로 가로선은 위도, 세로선은 경도라고 해요. 사막은 위치와 기후에 따라 크게 열대 사막, 온대 사막, 한랭 사막으로 나눠요.

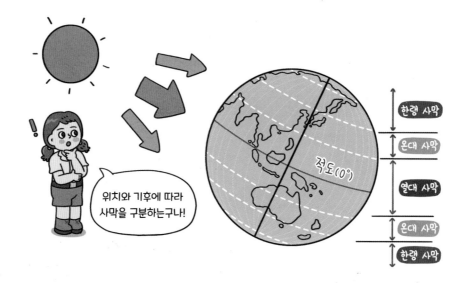

위치와 기후에 따라 사막을 구분하는구나!

열대 사막

열대 사막은 적도를 중심으로 위아래 위도 30도(°) 이내에 위치해요. 연평균 강수량은 250밀리미터 정도로 사막치고는 많은 편이에요. 그러나 내리쬐는 햇볕과 강한 바람 때문에 증발량이 많아 매우 건조하지요. 북아프리카의 사하라 사막, 아라비아반도의 아라비아 사막, 인도의 타르 사막, 미국의 소노라 사막 등이 해당해요.

온대 사막

온대 사막은 위도 30도에서 40도 부근에 발달했어요. 우리나라 역시 이쯤에 위치해 날씨와 강수량이 적당한 온대 기후가 나타나요. 그런데 어떻게 온대 기후 지역에 사막이 생겼을까요? 대부분은 바다와 멀리 떨어져 있기 때문이에요. 중앙아시아의 고비 사막과 타클라마칸 사막, 미국의 그레이트베이슨 사막 등은 산으로 둘러싸인 오목한 곳에 자리 잡고 있어요. 바다에서 몰려오는 비구름이 산에 막혀 들어오지 못해서 강수량이 적지요.

미국 그레이트베이슨 사막 풍경

한랭 사막

햇빛이 비스듬히 닿는 극지방은 매우 추워요. 남극은 바다와 육지가 맞닿은 해안에서도 연평균 강수량이 200밀리미터밖에 안 돼요. 눈이 내려도 두껍게 쌓여서 얼음덩어리를 이루기 때문에 공기가 심하게 건조하지요. 남극 대륙과 그린란드, 북극해를 둘러싼 툰드라 지대가 한랭 사막에 해당해요.

눈으로 덮인 한랭 사막

사막을 만드는 보이지 않는 손

사막은 아무 곳에나 생기지 않아요. 사막이 만들어지려면 꽤 까다로운 조건을 채워야 하거든요. 그런데 우리나라에서도 사막 지형을 구경할 수 있다고 해요. 진짜일까요?

날씨가 만든 사막

사막을 만드는 결정적 조건은 강수량과 증발량이에요. 그렇다면 왜 어떤 곳은 비가 많이 내리고 어떤 곳은 건조할까요? 지구는 조금 기울어서 태양 둘레를 돌고 있어요. 햇볕을 곧바로 받는 적도 지방은 뜨겁게 달궈지고, 햇볕이 비스듬히 닿는 극지방은 차갑게 식지요. 날씨 현상은 지구가 열 균형을 맞추는 과정에서 일어나요.

적도 지방에서는 바닷물이 엄청나게 증발해 수증기로 변해요. 수증기를 머금은 따뜻한 공기는 가벼워져 높이 올라가 구름을 이루어 비를 뿌리고요. 적도 지방에서 올라간 공기가 극지방 쪽으로 향하다 보면 식어서 위도 30도쯤에서 아래로 내려오는데, 이 영향으로 구름이 흩어져 맑고 건조한 날씨를 불러와요.

이렇게 열대 사막이 생겨났어요.

열대 사막

바닷가에 사막이? 해안 사막

앞에서 살펴봤듯이 바다와 멀리 떨어진 곳에서 사막이 만들어지기도 해요. 그런데 아프리카 서남부의 나미브 사막과 남아메리카의 아타카마 사막은 바로 옆에 바다가 있어요. 어떻게 사막이 됐냐고요?

차가운 바닷물인 한류의 영향으로 주변 공기가 차가워져 비구름이 잘 만들어지지 않기 때문이에요. 비가 거의 내리지 않아 땅이 마르면서 사막이 됐지요.

해안 사막

우리나라에서 사막 찾기

우리나라에는 기준에 들어맞는 진짜 사막은 없지만, 사막처럼 보이는 곳이 있어요. 바로 충청남도 태안의 신두리 해안 사구예요. 바람에 날린 모래가 쌓여서 낮은 언덕을 만들었지요. 신두리 해안 사구는 바르한을 떠올리게 해요. 사막에는 초승달 모양의 모래 언덕인 바르한이 많이 생기는데, 바람이 불 때마다 모양이 바뀌어 마치 움직이는 물결 같아요.

신두리 해안 사구

사막 속 수수께끼

'사막에서 바늘 찾기'라는 말을 들어 봤나요? 모래사막 속에서 작은 바늘을 찾으려면 정말 어려울 텐데, 그 많은 모래는 과연 어디에서 왔을까요?

모래는 어디에서 왔을까?

모래사막은 겉보기에는 모래알만이 가득하지만, 이 모래는 땅속의 단단한 암석이 부서져 만들어진 거예요. 암석은 오랜 세월 동안 햇볕·바람·비 따위의 영향을 받아서 점점 부스러지는데, 이것을 풍화 작용이라고 해요. 영어로는 'weathering'이라고 하며, 날씨를 뜻하는 'weather'에서 왔지요. 단단한 암석도 풍화 작용을 오래 받으면 바위, 돌, 자갈, 모래 등으로 잘게 부서져요. 우리가 밟고 있는 흙도 풍화 작용의 결과랍니다.

물질은 대부분 온도에 따라 부피가 변해요. 보통 온도가 높으면 부풀어 오르고 온도가 낮으면 줄어들지요. 그러므로 낮과 밤의 기온 차이가 큰 사막에서는 암석에 틈이 생겨 부서지기 쉬워서 모래가 많이 만들어져요. 사막에서 낮과 밤의 기온 차이가 큰 이유는 무엇일까요? 그것도 모래 때문이에요. 모래는 낮에는 뜨겁게 달궈졌다가 밤에는 차갑게 식어 버리거든요. 사막에는 열이 빠져나가지 않게 막는 수증기나 구름이 거의 없어서 더 큰 폭으로 기온이 떨어지지요.

모래사막 말고도 더 있다?

사막 하면 모래가 쌓인 사막이 먼저 떠오르지만, 모래사막은 그리 많지 않아요. 대부분의 사막은 바위와 자갈이 많은 암석 사막이지요.

소금으로 이루어진 사막도 있어요. 가장 유명한 곳은 남아메리카 볼리비아의 우유니 소금 사막이에요. 원래 이곳은 바다였는데, 안데스산맥이 솟아오르면서 호수가 됐지요. 오랜 세월에 걸쳐 바닷물이 말라붙고 소금만 남아서 지금의 모습을 이뤘어요. 하지만 강수량으로 따지면 진짜 사막은 아니에요. 비가 많이 내리는 우기에는 하얀 소금 위로 물이 고여 마치 거울처럼 변해요. 그 모습이 아름다워 많은 사람이 이곳을 찾지요.

커다란 거울 같은 우유니 소금 사막

사막, 어디까지 알고 있니?

가장 크고 뜨거운 사막은 어디일까요? 역사를 뒤바꾼 사막도 있다고요? 호기심을 풀어 사막에 한 발자국 더 가까이 다가가 봐요.

가장 크고 뜨거운 사막

극지방을 빼면 가장 커다란 사막은 북아프리카의 사하라 사막이에요. 그 이름 또한 아랍어로 사막을 뜻하는 '사흐라'에서 왔어요. 면적은 약 906만 제곱킬로미터로, 한반도의 40배가 넘는답니다. 얼마나 넓은지 그려지나요? 또 낮 최고 기온이 섭씨 50도(℃)에 이를 정도로 뜨겁지요. 사하라 사막은 워낙 넓어 이집트·튀니지·알제리·세네갈·나이지리아 등 여러 나라에 걸쳐 있는데, 사막을 경계로 문화 차이가 생겨났어요. 북쪽은 예로부터 이슬람 문화의 영향을 많이 받아 왔고, 남쪽은 아프리카 부족 중심 문화가 강해요.

북아프리카를 가르는 사하라 사막

중국을 지켜 준 사막

몽골과 중국 사이에 있는 고비 사막은 과거 중국 왕조를 다른 민족으로부터 지키는 방어벽 역할을 했어요. '고비'는 몽골어로 풀이 자라지 않는 거친 땅을 의미하는데, 이 사막에서는 공룡 화석이 많이 발견돼요. 오래전에는 메마

중국과 몽골에 걸쳐 있는 고비 사막

른 땅이 아니었다는 증거이지요. 아마도 급격한 기후 변화가 찾아와 사막으로 변한 것이라고 추측해요.

가장 메마른 사막

아타카마 사막은 안데스산맥과 차가운 페루 해류의 영향을 받아 비가 거의 내리지 않아서 매우 건조해요. 높은 곳에 자리하고 흐린 날이 거의 없어 밤하늘을 관측하기에 좋은 장소로 알려져 있지요.

한편 이곳은 엘니뇨의 직접적 영향을 받아요. 엘니뇨는 남아메리카 서해안을 따라 흐르는 차가운 페루 해류 속에 몇 년에 한 번씩 따뜻한 난류가 흘러드는 현상이에요. 엘니뇨가 찾아오면 몇 년 동안 내릴 비가 한꺼번에 쏟아지며 사막에 물이 고여 식물이 꽃을 활짝 피우기도 해요.

가장 건조한 아타카마 사막

한눈에 쏙!

사막은 무엇일까?

사막의 특징

- 사막: 일반적으로 연평균 강수량이 250밀리미터 미만인 지역으로, 매우 건조해서 생물이 살아가기 힘든 환경임.
- 사막은 전체 육지의 10분의 1을 차지할 만큼 넓음. 세계 곳곳에 다양한 원인으로 만들어진 사막이 존재함.

사막의 구분

- 열대 사막: 위도 30도 이내에 위치함. 적도 지방의 열이 극지방으로 옮겨 가는 과정에서 이 지역에 맑고 건조한 날씨를 불러와 사막이 생겼음. 사하라 사막·아라비아 사막·타르 사막·소노라 사막 등이 해당함.
- 온대 사막: 위도 30도에서 40도 부근에 발달했음. 대부분 바다와 떨어진 곳에 위치하며, 고비 사막·타클라마칸 사막·그레이트베이슨 사막 등이 해당함.
- 한랭 사막: 날씨가 춥고 건조한 지역에 발달했음. 남극 대륙과 그린란드, 북극해를 둘러싼 툰드라 지대 등이 해당함.
- 해안 사막: 바다에 닿아 있어도 강수량이 적으면 사막이 발달함. 한류의 영향으로 주변 공기가 차가워져 비구름이 잘 만들어지지 않기 때문임.
- 사막을 이루는 물질에 따라 모래사막, 암석 사막으로도 구분함.

사막과 풍화 작용

- 풍화 작용: 암석이 오랜 세월 햇볕·바람·비 따위의 영향을 받아서 점점 부스러지는 현상. 단단한 암석도 풍화 작용을 오래 받으면 바위, 돌, 자갈, 모래, 흙으로 잘게 부서짐.
- 사막 환경에서는 풍화 작용이 더 빠르게 진행됨.

세계의 사막

- 극지방을 빼면 세계에서 가장 큰 사막은 북아프리카의 사하라 사막임. 사하라 사막을 두고 북쪽은 이슬람 문화가, 남쪽은 아프리카 부족 중심 문화가 강함. 사막이 문화적 환경을 가르는 경계가 되었음.
- 고비 사막은 중국 왕조를 지키는 방어벽 역할을 했음. 공룡이 살던 시절에는 지금과 환경이 달랐을 것으로 추측함.
- 아타카마 사막은 가장 건조한 사막으로, 밤하늘을 관측하기 좋음. 엘니뇨의 영향을 받으면 사막에 비가 한꺼번에 쏟아지기도 함.

사막에 불어닥치는 모래 폭풍

모든 것을 집어삼킬 듯 몰려오는 모래 폭풍, 떠올리기만 해도 두렵지 않나요? 사막의 달구어진 열기로 생겨난 강한 바람이 모래를 잔뜩 싣고 불어닥치면 앞이 보이지 않고 숨을 쉬기도 힘들어요.

장소를 가리지 않는 모래 폭풍

모래 폭풍이 가장 자주 불어닥치는 지역은 북아프리카, 아라비아반도, 중앙아시아예요. 특히 사하라 사막 주변은 모래 폭풍에 시달리는 날이 많지요. 거대한 모래 폭풍이 이집트 수

불어오는 모래 폭풍

에즈 운하를 뒤덮어 항구를 닫은 적도 있답니다.

모래 폭풍은 길게는 한 달 넘게 이어져요. 모래 폭풍이 몰아치면 세상이 캄캄해서 비행기도, 자동차도, 사람도 다닐 수 없어요. 작디작은 모래 먼지는 통신 장비까지도 먹통으로 만들어 버리지요.

중앙아시아의 고비 사막에도 모래 폭풍이 자주 생겨요. 주변 도시에 높이 100미터나 되는 모래 폭풍이 몰아치기도 했지요. 때로는 우리나라까지 밀

려와 공기를 탁하게 만드는데, 반갑지 않은 손님인 황사예요. 원래는 건조한 봄철에 주로 나타났지만, 요즘은 때를 가리지 않고 찾아와요.

사막과 가깝지 않아도 모래 폭풍이 불어닥칠 수 있어요. 미국에서 농사를 지으려고 파헤쳐 놓은 흙이 강한 바람을 타고 도시까지 휘몰아쳐 자동차 수십 대가 충돌하는 사고가 나기도 했거든요. 운전자들은 마치 눈보라 속에 갇힌 것 같았다고 입을 모아 말했어요.

모래 폭풍이 주는 피해

모래 폭풍이 예보되면 많은 사람이 촉각을 곤두세울 수밖에 없어요. 사방을 뿌옇게 만들어 앞을 가로막고, 숨쉬기도 어렵게 하니까요. 반도체나 모니터 등을 만드는 공장에 모래 먼지가 날아들면 심각한 문제가 생겨요. 그뿐인가요? 모래 먼지는 화산재처럼 햇빛을 가려 기온을 떨어뜨려요. 수증기를 끌어당겨 비구름을 만드는 역할을 해 강수량에도 영향을 미치지요.

모래 폭풍 속에 갇힌 도시

2화

기후가 빚은 풍경

지리 기후와 자연환경

・날씨와 기후는 무엇이 다를까?
・쾨펜의 기후 구분
・건조 기후의 특징
・햇볕이 쨍쨍 내리쬐는 사막

일어나, 오늘은 데스밸리에 갈 거야.

캘리포니아주

데스밸리

미국은 땅이 정말 크네. 기름이 간당간당하겠어.

영화에서 본 것 같은 풍경이야.

화성 같기도 하고.

이런 곳에는 사람이 안 살겠죠?

한참을 달려 도착한 데스밸리

그러게.

흐르던 땀방울도 말라 버릴 것 같은 날씨네.

엄마, 너무 더워요.

129 °F
54 ℃

도로가 뜨겁게 달궈져 타이어가 터지는 사례도 잇따르고.

한여름에 방문하는 것을 조심해야 하는데….

최고 기온이 깨질 것 같다는 소식에 관광객이 더 몰리고 있어.

데스밸리의 더위를 겪었더니 이제 어떤 더위도 가뿐할 것 같아요.

와라! 더위!!

잠깐 내려서 기념품 좀 살까?

SHOP

끼익

SHO

날씨와 기후는 무엇이 다를까?

언뜻 날씨와 기후는 비슷해 보이지만 차이점이 있어요. 날씨는 금방 변하지만, 기후는 오랫동안 유지되며 변화도 서서히 나타나지요.

날씨의 평균, 기후

날씨는 하루하루 바뀌는 대기(지구를 둘러싼 공기층)의 상태예요. 일기 예보를 보면 기온, 바람, 구름, 습도, 비, 눈 등 정보를 알려 주잖아요? 이런 것들은 날씨를 나타내는 요소예요. 날씨 정보는 우리가 살아가는 데 중요해요. 그래서 아침에 눈을 뜨면 일기 예보부터 챙기지요.

사람들은 날씨를 꾸준히 관찰해서 평균적인 특징을 분석했어요. 이것이 기후예요. 그러니까 기후는 어느 지역에서 여러 해에 걸쳐 나타

날씨

비, 구름, 바람, 기온 등으로 보는
그날의 대기 상태

기후

일정한 지역에서 여러 해에 걸쳐
나타난 날씨의 평균 상태

난 날씨의 평균 상태랍니다. 기후는 위치나 지형, 바다까지의 거리 등에 영향을 받아요. 예를 들어 중간 위도에 자리한 우리나라는 사계절이 뚜렷한 온대 기후가, 산으로 둘러싸인 미국의 데스밸리는 내내 덥고 메마른 건조 기후가 나타나요.

지구 온난화와 이상 기후

기후는 일반적으로 최근 30년 동안의 기온, 강수량 등을 측정해 평균을 내서 판단해요. 기상학에서는 평년값이라고 부르는데, 뉴스에서 평년보다 기온이 높다거나 비가 많이 내린다는 표현을 들어 봤을 거예요. 정상적 상태를 벗어난 이상 기후가 나타났을 때는 평년값과 비교하면 얼마나 심각한지 알 수 있어요.

최근 이상 기후가 잦은 원인은 산업화 등으로 대기 중 온실가스가 늘어났기 때문이에요. 이산화 탄소, 메테인 같은 온실가스는 지구에서 내보내는 열을 가두어 기온을 높여요. 지구가 받아들이는 태양열과 내보내는 열의 균형이 깨지며 기후 위기가 찾아왔는데, 여기에 대해서는 나중에 더 살펴볼게요.

아파..

쾨펜의 기후 구분

1900년대, 독일의 기상학자 쾨펜은 식물이 자라는 범위에 기후가 영향을 크게 끼친다는 사실에 주목했어요. 그리하여 기온과 강수량 등을 기준으로 세계의 기후를 나누어 세상에 발표했지요.

세계의 기후

쾨펜은 먼저 나무가 자랄 수 있는 수목 기후와 나무가 자랄 수 없는 무수목 기후를 나누었어요. 그런 다음 기온과 강수량에 따라 열대 기후, 건조 기후, 온대 기후, 냉대 기후, 한대 기후로 더 자세히 구분 지었지요.

적도에서 극지방으로 가면서 열대(A), 건조(B), 온대(C), 냉대(D), 한대(E) 기후가 차례로 나타나요. 쾨펜은 알아보기 쉽게 알파벳을 순서대로 붙여 정리했어요. 땅덩어리가 큰 미국과 중국은 다섯 가지 기후를 모두 보여요. 그보다 크지만 위쪽에 자리한 러시아와 캐나다에는 열대 기후만 나타나지 않는답니다.

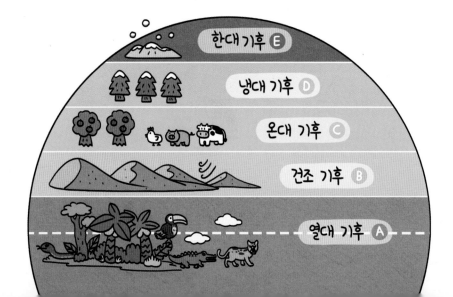

쾨펜의 기후 구분 알아보기

구분 기준		기후 이름	특징
수목 기후	기온에 따라	열대 기후	가장 추운 달의 평균 기온이 섭씨 18도 이상인 지역이에요. 일 년 내내 기온이 높고 비가 많이 내려서 커다란 활엽수가 잘 자라요. 활엽수는 잎이 넓은 나무예요.
		온대 기후	가장 추운 달의 평균 기온이 섭씨 영하 3도에서 영상 18도인 지역이에요. 기온이 온화하고 강수량이 풍부하며, 활엽수와 침엽수 모두 잘 자라요. 침엽수는 바늘 같은 뾰족한 잎을 가진 나무예요.
		냉대 기후	가장 추운 달의 평균 기온이 섭씨 영하 3도 미만이고, 가장 따뜻한 달의 평균 기온은 섭씨 10도 이상인 지역이에요. 침엽수가 주로 자라요.
무수목 기후	기온과 강수량에 따라	한대 기후	가장 따뜻한 달의 평균 기온이 섭씨 10도 미만인 지역이에요. 이끼 같은 식물만 존재할 뿐 나무가 자랄 수 없어요. 기온이 너무 낮은 데다가 땅 밑이 얼어 있어서 뿌리를 깊이 뻗을 수 없거든요.
		건조 기후	연평균 강수량이 500밀리미터 미만인 지역이에요. 땅이 메마른 탓에 나무가 자라기 힘들어요.

여기서 끝이 아니라 강수량이 적어지는 건기가 언제 찾아오는지에 따라 구분을 또 했어요. 일 년 내내 강수량이 고른 지역(f), 여름이 건기인 지역(s), 겨울이 건기인 지역(w) 등으로요. 하지만 기온과 강수량만으로 기후를 구분하기에는 한계가 있었어요. 이후 여러 번 고쳐지고 다른 기상학자들의 노력이 더해져 현재 가장 널리 쓰이는 기후 분류법으로 자리 잡았지요.

우리나라의 기후

퀘펜의 기후 구분에 따르면 우리나라는 냉대 기후와 온대 기후가 섞여 나타나요. 중부 지방 아래로는 거의 온대 기후를 띠는데, 지구 온난화로 그 범위가 점점 넓어지고 있어요. 또 바다와 떨어진 내륙 지방은 겨울이 건기인 반면, 바다와 맞닿은 해안 지방과 제주도 등은 건기 없이 강수량이 고른 편이에요.

냉대 기후
온대 기후

1월 평균 기온 영하 3℃

동해

황해

남해

퀘펜의 기후 구분에 따른 우리나라 기후

하지만 이것만으로 우리나라 기후를 충분히 설명하기가 어려워요. 우리나라는 삼면이 바다로 둘러싸여 바다의 영향을 많이 받거든요.

또 계절에 따라 방향이 바뀌는 바람, 그러니까 계절풍의 영향을 무시할 수 없어요. 여름에는 태평양에서 덥고 습한 계절풍이 불어와 비가 많이 내려요. 이 시기에 장마와 태풍이 찾아와 연평균 강수량의 절반 이상을 채우지요. 겨울에는 시베리아에서 차갑고 건조한 계절풍이 밀려와 추위에 시달려요. 대기가 잔뜩 건조해져 이듬해 봄에 산불이 나고는 하지요.

동서 지역의 기온 차이도 심해요. 차가운 북서 계절풍을 막아 주는 태백산맥과 깊은 동해의 영향으로요. 예를 들어 동해안은 여름에 시원하고 겨울에 포근한 편이에요. 반면 산맥 너머 강원도 내륙 지방에는 무더위와 강추위가 찾아오지요. 여름에는 최고 기온이 섭씨 35도 안팎으로 올라가고, 겨울에는 섭씨 영하 20도 가까이 떨어진답니다.

건조 기후의 특징

건조 기후 지역은 강수량보다 증발량이 많아서 대체로 사막이 있어요. 연평균 강수량이 250밀리미터 아래면 사막 기후로, 250에서 500밀리미터 사이면 스텝 기후로 더 자세히 나누지요. 어떻게 이렇게 건조한 기후가 나타났을까요?

회귀선을 찾으면 사막이 보인다?

잠깐, 앞에서 살펴본 내용을 떠올려 볼까요? 적도 부근에서는 태양열을 많이 받아 공기가 따뜻하게 데워져요. 따뜻한 공기는 가벼워서 위로 올라가 구름을 이루어 비를 뿌리지요. 그런데 따뜻한 공기가 위도가 높은 쪽으로 옮겨 가다 보면 식어서 다시 내려오게 돼요. 그러면 비구름이 잘 만들어지지 않아 맑고 건조한 날씨가 이어져요.

이 같은 공기의 이동이 적도와 회귀선 부근의 기후를 결정지었어요. 회귀선은 적도 남북으로 각각 위도 23도쯤에 위치해요. 지도를 펴 놓고 보면 회귀선 주변에 사막이 많은데, 이들을 회귀선 사막이라고 불러요. 북아프리카의 사하라 사막은 북회귀선과 겹쳐 있어요. 북회귀선을 따라 아라비아반도의 아라비아 사막, 미국의 소노라 사막 등이 자리하고요. 남회귀선을 따라가면 남아프리카의 칼라하리 사막이 보여요. 이 밖에도 아르헨티나, 칠레, 오스트레일리아에도 회귀선 사막이 있지요.

농사를 지을 수 있는 스텝 기후

스텝 기후는 보통 사막 주변에 나타나요. 이 기후가 나타나는 곳은 건기와 우기가 뚜렷하며, 대체로 건기가 우기보다 길게 이어져요. 따라서 나무가 자라기는 어려워요. 그래도 사막 기후보다는 강수량이 많아서 짧은 풀이 자라요. 몽골, 미국, 아르헨티나, 오스트레일리아 등에 펼쳐진 넓은 초원을 떠올려 보세요.

스텝 기후 지역에 사는 사람들은 오래전부터 양, 소, 말처럼 풀을 먹고 사는 동물을 길러 왔어요. 이들은 한곳에 머물지 않고 물과 풀을 찾아 옮겨 다녔지요. 물 대는 관개 시설을 갖춘 지역에서는 농사도 지어요. 밀은 건조한 환경에서도 잘 자라는데, 특히 온대 스텝 기후에 속하는 우크라이나는 유럽의 빵 바구니로 불릴 만큼 엄청난 밀 생산량을 자랑해요.

햇볕이 쨍쨍 내리쬐는 사막

사막 지역은 태양이 내리쬐는 시간이 한 해 수천 시간에 이르며, 낮과 밤의 기온 차이가 아주 심해요. 사람이 살기 힘든 극한 기후가 친환경 에너지를 생산하는 데 오히려 도움이 되고 있어요.

풍부한 일조량, 큰 일교차

일조량은 지구 표면에 내리쬐는 태양 광선의 양을 뜻해요. 온도와 습도, 그리고 식물 성장에 중요한 영향을 미치지요. 일조량이 많으면 식물이 쑥쑥 자라지만, 적으면 더디게 자라요. 우리나라가 위치한 적도 위 북반구는 보통 6월에 일조량이 가장 많고 12월에 가장 적어요. 태양 고도가 일 년 내내 변화하기 때문이에요. 태양 고도는 태양과 지구 표면이 이루는 각의 크기랍니다.

지구에서 일조량이 많은 곳은 어디일까요? 적도 부근과 사막 지역은 높은 일조량을 자랑해요. 북아프리카의 사하라 사막은 일조 시간이 연평균 3,862시간, 남아메리카의 아타카마 사막은 3,926시간에 달하지요. 참고로 우리나라의 평균 일조 시간은 평년값(1991~2020년)에 따르면 약 2,219시간으로 집계됐어요.

사막은 일조량이 풍부하기도 하지만 일교차가 엄청나요. 낮과 밤의 기온 차이가 이렇게 큰 이유는 비열과 관계가 있어요. 비열은 어떤 물질의 온도를 올리는 데 필요한 열을 뜻해요. 사막을 이루는 모래와 자갈 등은 비열이 작아서 쉽게 데워지고 그만큼 쉽게 식지요.

또 다른 이유는 날씨에 있어요. 사막의 대기는 건조해 구름이 잘 만들어지지 않아서 햇빛이 그대로 통과해 버려요. 햇빛을 가리는 나무도 거의 없으니 이글이글 달아오를 수밖에 없지요. 반대로 밤에는 열기가 쉽게 빠져나가고요. 낮에는 가릴 것 없이 태양을 고스란히 마주하고, 밤에는 덮을 것 없이 덜덜 떠는 셈이에요.

버려진 땅 사막의 기적

일조 시간이 긴 사막은 태양 에너지를 전기로 바꾸는 발전소를 짓기에 딱 맞아요. 두바이의 남부 사막 한가운데에는 세계 최대 규모의 태양광 발전소가 자리 잡고 있어요. 전지판을 약 600만 개나 설치해 전기를 생산해 내지요.

에너지 사용이 방대한 만큼 온실가스를 많이 내는 미국과 중국도 사막에 태양광 발전소를 착착 건설하고 있어요. 태양열 같은 자연의 힘을 이용해 전기를 생산하면 폐기물이나 대기 오염이 발생되지 않아 환경에 더 좋답니다.

그동안 버려진 땅으로 여겨졌던 사막이 이제는 환경을 살리는 터전으로 탈바꿈하고 있어요.

두바이 태양광 발전 단지

기후와 자연환경

날씨와 기후

- 날씨: 하루하루 바뀌는 대기의 상태. 기온, 바람, 구름, 습도, 비, 눈 등은 날씨를 나타내는 요소임.
- 기후: 어느 지역에서 여러 해에 걸쳐 나타난 날씨의 평균 상태. 위치나 지형, 바다까지의 거리 등에 영향을 받음.
- 최근 30년 동안의 기온, 강수량 등 요소를 평균해서 기후를 판단함. 기상학에서는 평년값이라고 부르는데, 이상 기후가 나타났을 때는 평년값과 비교하면 얼마나 심각한지 알 수 있음.

기후 분포와 특징

- 독일의 기상학자 쾨펜은 식물이 자라는 데 영향을 주는 기온과 강수량 등을 기준으로 전 세계 기후를 체계적으로 구분했음. ➡ 적도에서 극지방으로 가면서 열대, 건조, 온대, 냉대, 한대 기후가 차례로 나타남.
- 쾨펜의 기후 구분에 따르면 우리나라는 냉대 기후와 온대 기후가 섞여 나타남. 중부 지방 아래로는 거의 온대 기후를 띠는데, 지구 온난화로 그 범위가 점점 넓어지고 있음.
- 우리나라는 여름에는 덥고 비가 많이 내리며 겨울에는 춥고 건조함. 또한 동서 기온 차이가 큰 편임.

건조 기후 지역의 환경

- 건조 기후는 연평균 강수량이 250밀리미터 아래면 사막 기후로, 250에서 500밀리미터 사이면 스텝 기후로 더 자세히 나눔.
- 회귀선 부근에서는 비구름이 잘 만들어지지 않음. 건조한 날씨가 이어지며 사막이 발달하는데, 이를 회귀선 사막이라고 부름.
- 사막 주변에서 스텝 기후가 나타남. 사막 기후보다는 강수량이 많아서 짧은 풀이 자람. 스텝 기후 지역에 사는 사람들은 오래전부터 물과 풀을 찾아 옮겨 다니는 유목 생활을 했음.

사막의 활용

- 자연의 힘을 이용해 전기를 생산하면 환경에 더 이로움. 일조량이 풍부한 사막 지역은 태양 에너지를 전기로 바꾸는 발전소를 짓기에 알맞음.
  ➡ 에너지 사용이 방대한 만큼 온실가스를 많이 내는 미국과 중국도 사막에 태양광 발전소를 건설하고 있음.

한 걸음 더!

사람이 가장 적게 사는 곳은 어디일까?

2024년 세계 인구는 81억 명을 넘어섰어요. 인구가 가장 많은 나라는 인도, 중국, 미국 순이지요. 그러면 인구가 가장 적은 곳은 어디일까요?

사람 구경하기 힘든 사막

세계 육지 면적을 사람 수로 나눈 인구 밀도는 1제곱킬로미터당 약 47명이에요. 그런데 인구가 골고루 퍼져 있지는 않잖아요? 세계 인구의 90퍼센트

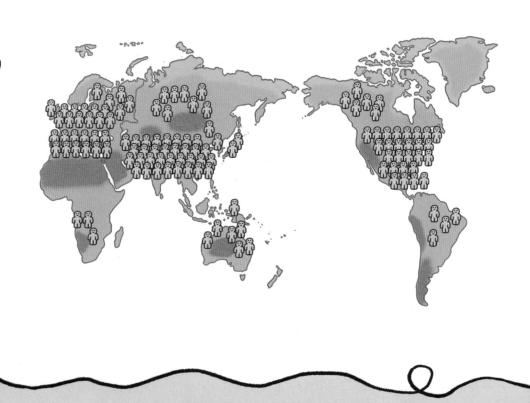

이상은 적도 위 북반구, 특히 중위도 온대 기후 지역에 모여 있어요. 기후가 온화해서 농사를 지으며 살기에 좋으니까요.

건조 기후, 열대 기후, 냉대 기후, 한대 기후 지역은 인구가 적어요. 한랭 사막인 남극 대륙에는 사람이 눌러살지 못하고 과학 연구를 위해 잠깐씩 머물 뿐이지요. 남극을 빼고 인구 밀도가 가장 낮은 곳은 역시 한랭 사막인 그린란드로, 고작 1제곱킬로미터에 0.026명이에요. 이 정도면 웬만해서는 사람 구경을 하기 힘들지요.

사막을 낀 나라들

초원과 사막이 가득한 몽골은 인구 밀도가 낮은 나라에 속해요. 땅덩어리는 우리나라보다 열여섯 배 정도 큰데, 인구는 약 350만 명으로 10분의 1에도 미치지 못해요. 몽골 사람들은 주로 가축을 길러 식량을 얻으며, 물과 풀을 찾아 옮겨 다니는 유목 생활을 해 왔어요.

나미비아와 오스트레일리아도 인구 밀도가 낮은 나라예요. 두 나라 모두 땅이 넓지만 사막을 낀 공통점이 있어요. 특히 오스트레일리아 중부 지방은 비가 거의 내리지 않는 데다가 가축을 대규모로 기르는 탓에 사막으로 변해 버린 곳이 많답니다.

3화

사막에서 살아가려면

생물   사막 문명과 생태계

· 극한 환경에서 사는 사람들
· 달라도 너무 다른 집
· 사막 식물의 비밀
· 사막 동물의 생존 비법

한눈에 쏙 사막 문명과 생태계
한 걸음 더 사막에서는 뱀을 조심해!

얼마 뒤

극한 환경에서 사는 사람들

건조 기후 지역에서 살아가는 생물 중 사람을 빼놓을 수는 없겠지요. 극한 환경 속에서도 지혜롭고 슬기롭게 삶을 이어 가는 이들을 만나러 떠나 볼까요?

사막의 베두인족

건조 기후 지역 하면 사막이 먼저 떠오를 거예요. 베두인족은 아라비아반도와 그 주변 사막 지역에서 살아가는 오랜 유목 민족이에요. 그 이름도 아랍어로 사막에 사는 사람들을 뜻하지요. 지혜가 뛰어나고 정이 많기로 유명하고요. 이들은 가축을 몰고 풀밭을 찾아 떠도는 유목 생활을 해요. 끝없이 펼쳐진 사막 위에서 하늘의 태양과 별자리를 보며 길을 찾지요.

베두인족은 주어진 환경을 슬기롭게 받아들여 살아왔어요. 모래 언덕에서 자라는 가프나무로 집을 짓고, 낙타를 탈것인 동시에 의식주 생활에 이용해요. 낙타 고기와 젖을 먹고, 가죽으로는 옷·천막·깔개 등을 만들지요. 길들인 매로 토끼나 새를 잡는 매사냥은 베두인족의 오랜 전통이에요.

사막에 사는 베두인족

유목 민족의 나라, 몽골

수천 년 전과 거의 같은 모습으로 유목 생활을 이어 가는 나라가 있어요. 바로 몽골이에요. 몽골 사람들은 넓은 사막과 초원에서 양, 염소, 소, 말, 낙타 등을 키우며 살아요. 보통 계절에 따라 한 해에 네 번 정도 이동하지요.

현재 몽골에서 기르는 양과 염소는 각각 2,000만 마리가 넘어요. 여기에 소, 말, 낙타 등 가축을 모두 더하면 6,000만 마리를 뛰어넘는다고 해요. 사람보다 가축이 훨씬 많은 수준이지요.

몽골에서 가축은 소중한 자원이에요. 고기와 젖, 가죽과 털을 내주니까요. 게다가 말과 낙타는 드넓은 사막과 초원을 건너는 중요한 이동 수단이 돼요. 몽골 아기는 걸음마보다 말타기를 먼저 배운다는 말이 있을 정도로 어려서부터 말타기에 익숙하지요. 낙타는 오랫동안 물 없이도 견딜 수 있는 데다 250킬로그램 가까이 되는 짐도 나를 수 있다고 해요. 낙타에게 사막을 건너는 배라는 별명이 괜히 생긴 게 아니에요. 몽골 사람들은 이삿짐센터를 부르는 대신 말과 낙타에 짐을 싣고 새로운 보금자리를 찾아 떠난답니다.

몽골의 유목 생활

달라도 너무 다른 집

우리나라 한옥은 사계절이 뚜렷한 기후에 맞게 지어졌어요. 더운 여름에는 시원한 마루에서, 추운 겨울에는 따뜻한 온돌에서 지냈지요. 그렇다면 건조 기후 지역의 집은 어떤 모습일까요?

사막의 흙집

사막은 낮과 밤의 기온 차이가 매우 크다고 했잖아요? 따라서 한낮에는 열기를 막는 한편 밤에는 열기를 지켜 주는 집을 지어야 해요. 물론 거센 모래바람도 피할 수 있어야 하지요.

사막 기후 지역에서는 나무를 구하기가 어려워 흙으로 집을 지었어요. 흙을 쌓기 좋은 모양으로 빚어서 말리면 그럴듯한 벽돌이 완성됐지요. 옛날 이집트 사람들은 흙벽돌로 벽을 쌓고, 마른풀과 흙을 덮어서 지붕을 올렸다고 해요. 두꺼운 흙벽은 낮에는 뜨거운 열기를 막고, 밤에는 빨아들였던 열기를 내놓았어요. 사막을 품은 모로코의 전통 집은 벽 두께가 보통

사막 지역의 흙집

집보다 두 배나 두껍지요. 또 창문을 작게 내서 모래바람을 피하는 동시에 집 안의 온도를 조절했어요.

움직이는 집, 게르

게르는 유목 생활을 하는 몽골 사람들의 이동식 집이에요. 우산살처럼 나무로 뼈대를 세우고 천막을 덮어서 쉽게 조립하고 분해할 수 있지요. 천막은 가축의 털로 짠 펠트나 가죽으로 만드는데, 눈비에 젖어도 빨리 마르고 바람도 거뜬히 막아 줘요.

육지 한가운데 놓인 몽골의 겨울은 몹시 추워요. 그래서 햇빛을 더 많이 받는 한편 북쪽에서 불어오는 칼바람을 피하려고 남쪽을 향해 문을 내요. 또 바람에 무너지지 않고 견딜 수 있도록 둥글넓적한 모양이에요.

몽골의 이동식 집, 게르

사막 식물의 비밀

어떤 생명도 발붙이지 못할 것 같은 사막에도 생태계가 존재해요. 극한 환경에서 살아남으려고 나름의 방법을 찾아냈거든요. 우선 식물 가운데서 생존왕을 뽑아 볼까요?

후보 ① 선인장

식물의 잎에는 눈에 보이지 않는 작은 구멍, 기공이 있어요. 보통 식물은 햇빛이 잘 드는 낮에 기공으로 빨아들인 이산화 탄소와 뿌리에서 흡수한 물로 산소와 영양분을 만들어 내요. 이 과정이 광합성이에요. 그런데 사막에 사는 선인장은 달라요. 밤 동안 기공을 열어 이산화 탄소를 저장해 두었다가 낮이 되면 광합성에 쓰지요. 낮에 기공을 열었다가는 뜨거운 열기에 수분을 잃고 말 테니까요. 환경에 맞춰 삶의 방식을 바꾼 것이랍니다.

가시도 그냥 있는 게 아니에요. 잎이 넓으면 수분이 빨리 날아가니까 점점 작아져 가시가 됐지요. 또 가느다란 뿌리를 넓게 뻗어 잠깐 내리는 비라도 빠르게 빨아들여요.

선인장

후보 ② 바오밥나무

바오밥나무는 아프리카에서 주로 자라요. 특히 마다가스카르가 바오밥나무로 유명한데, 그곳에서는 숲의 어머니라고도 불려요. 바오밥나무는 엄청나게 굵은 줄기

바오밥나무

에 물을 저장해 수천 년을 살아왔어요. 줄기에 비하면 가지는 초라한 편이지만 구석구석으로 물을 보내기 위해서지요. 건조한 겨울에는 잎을 떨어뜨려서 수분이 빠져나가는 것을 줄여요. 열매에는 영양소가 풍부해 원주민에게 소중한 먹을거리가 되지요.

후보 ③ 웰위치아

웰위치아는 수천 년을 사는 식물로, 잎은 두 개뿐이지만 이 잎이 평생 자라며 생존을 도와요. 모래바람에 잎이 나부껴 갈라지면 더 많아보이기는 하지요. 웰위치아는 땅속 물을 직접 빨아들이지 못하고 잎에 맺히는 이슬과 안개를 흡수해 살아가요. 척박한 환경에서도 끈질기게 살아가려 노력한답니다.

웰위치아

사막 동물의 생존 비법

식물뿐 아니라 동물도 사막 환경에 끊임없이 적응해 왔어요. 거친 사막에서 살아남은 생존왕을 가려 봐요.

후보 ① 낙타

낙타의 두꺼운 털가죽은 햇빛을 반사하고, 모래에서 올라오는 열기로부터 몸을 보호하는 역할을 해요. 사람은 땀을 흘려 열을 식히는데, 낙타는 아무리 더워도 땀을 잘 흘리지 않아요. 이렇게 몸속 수분을 지키지요. 대신 오줌이 증발하면서 열을 빼앗아 가도록 자기 다리에 오줌을 누기도 해요. 한여름 길가에 물을 뿌리면 시원해지는 것과 같은 원리예요. 낙타는 혹 속에 지방을 저장해 필요할 때 에너지로 바꾸어 써요. 오랫동안 먹이를 먹지 못하면 혹이 쭈글쭈글 늘어지지요. 낙타는 혹이 하나인 단봉낙타와 혹이 둘인 쌍봉낙타로 나뉘는데, 추운 사막 지역에 사는 쌍봉낙타는 단봉낙타보다 몸집이 작고 털이 길어요.

단봉낙타(왼쪽)와 쌍봉낙타(오른쪽)

후보 ② 도깨비도마뱀

오스트레일리아의 그레이트샌디 사막에 사는 도깨비도마뱀은 온몸에 가시를 두르고 있어 가시도마뱀이라고도 불려요. 울퉁불퉁한 피부는 다른 동물로부터 몸을 지키는 방패 역할을 해요. 이슬이나 젖은 모래에서 물기를 흡수할 때도 도움이 되는데, 물방울이 피부를 타고 패어 있는 홈으로 들어가 몸속 가는 관을 따라 입가로 전달되거든요. 이러한 구조 덕분에 사막에서 살아남았지요.

도깨비도마뱀

후보 ③ 사막여우

북아프리카의 사막 지역에서 살아가는 사막여우는 몸집이 가장 작은 여우예요. 커다란 귀가 눈에 띄는데 열을 밖으로 내보내기에 좋고, 주변의 작은 소리도 놓치지 않을 수 있지요. 털이 얇고 빽빽해서 낮에는 더위를, 밤에는 추위를 막아 줘요. 발바닥에도 털이 나 뜨거운 모래를 밟고 있어도 문제없어요. 사막여우는 물을 거의 마시지 않아도 먹이로 수분을 채울 수 있다고 해요.

사막여우

사막 문명과 생태계

건조 지역의 생활

- 사막에 사는 베두인족은 낙타를 탈것인 동시에 의식주 생활에 이용함. 낙타 고기와 젖을 먹고, 가죽으로는 옷·천막·깔개 등을 만들었음.
- 사막에서는 나무가 잘 자라지 않아서 흙으로 집을 지었음.
- 초원에 사는 몽골 사람들은 양, 염소, 소, 말, 낙타 등 가축을 데리고 유목 생활을 했음. ➡ 나무와 가죽 등으로 조립과 분해가 쉬운 이동식 집 게르를 만들었음.

사막 환경에 적응한 식물

- 선인장은 보통 식물과 달리 밤에 기공을 열어 이산화 탄소를 저장해 두었다가 낮에 광합성을 함. 또 잎을 뾰족한 가시로 바꾸어 수분이 빠져나가는 것을 막았음.
- 바오밥나무는 거대한 줄기에 물을 저장함. 건조한 겨울에는 잎을 떨어뜨려 수분이 빠져나가지 않게 함.
- 웰위치아는 땅속 물을 직접 빨아들이지 못하고 잎에 맺히는 이슬과 안개를 흡수해 살아감. 척박한 환경에서 수천 년을 사는 식물임.

사막 환경에 적응한 동물

- 낙타의 털가죽은 햇빛을 반사하고 모래에서 올라오는 열기를 막아 줌. 몸속 수분을 지키려고 더워도 땀을 잘 흘리지 않음. 자기 다리에 오줌을 눠 오줌이 증발하면서 열을 뺏어 가도록 함. 혹 속에 지방을 저장해 필요할 때 에너지로 바꾸어 씀. 추운 사막 지역에 사는 쌍봉낙타는 단봉낙타보다 몸집이 작고 털이 깊.

- 도깨비도마뱀의 가시는 다른 동물로부터 몸을 지키는 방패 역할을 함. 울퉁불퉁한 피부는 이슬이나 젖은 모래에서 물기를 흡수하는 데도 도움이 됨.

- 사막여우의 커다란 귀는 몸 밖으로 열을 내보내기에 좋고 소리를 듣는 데도 유리함. 털이 얇고 빽빽해 낮에는 더위를, 밤에는 추위를 막아 줌. 발바닥에도 털이 나서 뜨거운 모래를 밟고 있어도 문제없음. 사막여우는 물을 거의 마시지 않아도 먹이로 수분을 채울 수 있음.

한 걸음 더!

사막에서는 뱀을 조심해!

다리 없이 기다란 몸을 가진 뱀은 거의 모든 환경에서 살아가요. 사막에서는 모래 속이나 바위 사이에 숨은 뱀을 조심해야겠지요?

위험한 사막뿔살무사

눈 위로 삐죽 솟은 뿔 때문에 이름이 붙었어요. 뿔은 열을 내보내기 위한 것이며, 북아프리카의 사하라 사막에서 많이 발견돼서 사하라뿔살무사라고도 불리지요. 길이는 30에서 60센티미터 정도이며 숨어 있기 선수예요. 바위 근처 모래 속에 몸을 숨기고 있다가 쥐, 도마뱀, 새 등이 나타나면 갑자기 들이쳐요. 밤에 먹이를 찾아 먼 거리를 이동하는데, 너무 거친 모래는 싫어하는 예민한 뱀이랍니다. 강한 독으로 사람도 너끈히 해치울 수 있어서 마주치지 않는 게 가장 안전해요.

모래색을 띠는 사막뿔살무사

코브라일까? 검정사막코브라

주로 사막에서 살며 북아프리카, 아라비아반도, 서아시아 등에서 발견되는 뱀이에요. 길이는 50센티미터 정도이지만, 크게는 2미터 가까이 자라기도 하지요. 밤에 사냥에 나서는 야행성으로 다른 뱀이나 도마뱀, 두꺼비, 쥐,

새 등을 잡아먹어요. 이름에 '코브라'가 들어가지만, 화가 나면 몸을 세우고 독을 내뿜어 공격하는 코브라와는 다른 종이에요. 물론 사막에는 이런 코브라도 살고 있어요. 대부분은 강한 독을 가지고 있어서 주의해야 해요.

《어린 왕자》 속 보아뱀

《어린 왕자》에는 사막여우 말고도 보아뱀이 나와요. 큰 뱀 가운데 가장 잘 알려진 종으로, 아나콘다도 여기에 속해요. 책 속 코끼리를 집어삼킨 그림 때문에 엄청나게 클 것 같지만 길이는 보통 2에서 5미터예요. 실제로는 쥐 같은 작은 동물을 주로 잡아먹고요. 보아뱀은 아메리카 대륙의 다양한 환경에서 살아가요. 그중에는 반사막도 있는데, 반사막은 사막과 초원 사이에 있는 사막이랍니다.

아메리카 대륙에 사는 보아뱀

· 아득한 사막 속 오아시스
· 물을 구하는 방법
· 물 때문에 농사 어쩌나
· 기술로 사막을 촉촉하게

남은 물이라도
서로 차지하려고
부족 사이에
싸움까지
벌어졌거든.

그래,

비가 너무 오래
내리지 않았어.

할짝

하늘에
제사를 지내니
곧 비 소식이
있겠지.

기우제를 지낸다고?

응.

한번
구경해 볼래?

좋아!

아득한 사막 속 오아시스

오아시스는 사막 가운데 샘이 솟고 풀과 나무가 자라는 곳이에요. 사막 위에 도시가 자리 잡을 수 있었던 것은 오아시스 덕분이지요.

사막을 살리는 물줄기

사막에 샘이 솟다니 믿어지지 않는다고요? 오아시스는 여러 가지 원인으로 생겨나요. 아주 오랜 시간 빗물이 땅속에 고여 있다가 어느 날 밖으로 드러나기도 하고요. 강에서 떨어져 나온 물줄기나, 높은 산에서 녹아 흘러온 물이 오아시스를 이루기도 하지요.

오아시스에 사람이 모여드는 것은 당연한 일이었어요. 그러면서 마을과 도시가 생겨났지요. 그런데 모래바람이 불어와 모래가 쌓이면 오아시스가 묻혀 버릴 수도 있잖아요? 사람들은 오아시스를 지키려고 주변에 대추야자를 심어 모래바람을 막았어요. 이 밖에도 옥수수, 밀, 목화, 올리브 등을 심어 길렀지요.

오아시스는 농업뿐 아니라 교통과 무역의 중심지이기도 했어요. 오아시스 도시는 동양과 서양을 이어 주던 비단길 길목에 있었거든요.

조금만 가면 오아시스라네!

오래전 낙타를 타고 사막을 건너던 장사꾼들은 이곳에서 먹을거리를 얻고 물건을 사고팔았어요. 문명이 발전하는 과정에도 큰 역할을 한 거예요. 오아시스를 두고 부족 사이에 싸움도 자주 일어났어요. 그만큼 오아시스는 정치적으로도 중요했지요.

세계에서 가장 큰 오아시스

세계에서 가장 큰 오아시스는 사우디아라비아에 있어요. 알아사 오아시스는 면적이 무려 85제곱킬로미터가 넘는데, 축구장 약 1만 2,000개가 들어갈 정도예요. 이곳 사람들은 오래전부터 커다란 오아시스를 이용해 대추야자를 수백만 그루나 재배해 왔어요. 그러는 동안 주변 인구는 770만 명으로 늘어났지요. 오아시스는 척박한 사막을 먹여 살리는 고마운 존재예요.

오아시스 주변의 대추야자 농장

사막의 신기루

사막에서 헤매다 보면 공중에 오아시스처럼 보이는 신기루가 나타나고는 해요. 신기루는 왜 생길까요? 굴절 현상 때문이에요. 빛이 사막의 뜨거운 공기층과 만나 휘어져 우리 눈에 들어오면서 시각적 착각을 일으키는 것이랍니다.

물을 구하는 방법

척박한 환경에서는 깨끗한 물을 구하기가 쉽지 않아요. 사람들은 먼 옛날부터 방법을 곰곰이 고민해 왔어요.

목마른 사람이 우물 판다

빗물은 땅속으로 스며들어 고여서 지하수가 돼요. 땅을 파서 지하수를 괴게 한 시설이 우물이고요. 우물은 사람들이 물을 구하려고 만든 최초의 시설이지요.

가장 오래된 우물 가운데 하나는 사막 나라 이집트에서 발견됐어요. 기원전 2000년경에 만들어진 것으로 추측되는 이 우물은 단단한 암석을 뚫고 땅속 90미터까지 파여 있지요. 중국에서는 깊이가 무려 500미터에 이르는 옛 우물이 발견됐는데, 이를 보면 물이 얼마나 중요했는지 느껴져요.

물을 퍼 올리는 두레박을 넘어 수차도 등장했어요. 기원전 200년경 페르시아에서는 바퀴와 가축의 힘을 이용해 물을 끊임없이 퍼 올렸는데, 물을 공급하는 수도 체계의 시작이라고도 볼 수 있지요. 수도 체계에서 물을 보내는 길인 수로를 빼놓

현재도 쓰이는 원시적 형태의 수차

을 수 없잖아요? 그리스 크레타섬에서는 기원전부터 일찍이 수로를 갖추고 물을 관리했어요.

고대 로마의 수도 체계는 꽤 훌륭했어요. 원래는 샘이나 우물에서 물을 얻다가 나라가 커지면서 수로 건설 계획을 세웠지요. 기원전 312년경에 최초의 수로를 건설하기 시작해 226년까지 500년

로마 시대에 건설한 수로를 받치는 다리, 수도교

넘는 시간 동안 총 열한 개가 만들어졌답니다. 석회석에 자갈과 모래를 섞어 만든 내리막 수로를 따라 물이 쉬지 않고 흘러내렸어요. 깨끗한 물을 보내는 상수도와 사용한 더러운 물이 흘러가는 하수도를 나누어서 삶의 질을 크게 높였지요. 이렇게 수도 체계가 발달하며 로마 문명은 더 멀리 뻗어 나가게 되었어요.

우물 파는 동물들

동물이 우물을 파는 행동이 목격돼 놀라움을 안기고 있어요. 주인공은 미국 서부 사막에 사는 야생 말과 당나귀예요. 발굽을 삽처럼 써 깊게는 2미터 가까이 우물을 파 마침내 지하수를 찾는 데 성공했지요. 물을 마시러 다양한 동물이 모여들었고, 주변에 나무도 자라나기 시작했어요. 이렇게 다양한 생물이 어우러져 건강한 생태계를 이루게 됐답니다. 사실 동물이 우물 파는 일은 드물지만 전에도 있어 왔어요. 건조 지역에 사는 코끼리, 침팬지 등이 우물을 판다고 해요.

가장 오래된 물 저장고

건조 지역에서는 비 한 방울이 아쉬워요. 그래서 떨어지는 빗물을 모아서 생활에 이용했지요.

인류는 우물을 만들기 훨씬 전부터 빗물을 받아 쓴 것으로 추측돼요. 이후 물을 모아 두는 저장고가 만들어졌는데, 이로써 건기나 가뭄이 찾아와도 농사를 지을 수 있게 됐지요. 식량을 안정적으로 얻으면서 자연스럽게 도시가 발달했어요.

유럽 문명이 싹튼 그리스 크레타섬에는 기원전 2600년경에 만들어진 커다란 저수지 흔적이 남아 있어요. 부피가 80세제곱미터로, 이는 1,000밀리리터짜리 우유 8만 개를 쏟아부어야 채울 수 있는 양이에요. 기원전 300년경 인도 왕조는 수십 년에 걸쳐 저수지를 건축했어요. 수천만 세제곱미터 규모로, 이전과 비교할 수 없을 정도로 물 저장량이 엄청나게 늘었지요. 저장된 물은 농사뿐 아니라 다양한 곳에 쓰였답니다.

땅속에 만든 수로

서아시아를 시작으로 중앙아시아, 북아프리카 등 건조 지역에 물을 얻는 방법이 퍼졌어요. 그 방법은 바로 카나트예요. 산기슭에 굴을 파서 지하수를 끌어낸 다음 땅속 수로를 따라 흐르게 해, 사람이 사는 마을과 논밭에까지 닿게 하는 원리이지요. 땅속에 수로를 만든 이유는 무엇일까요? 땅 위로 흐르면 열기에 물이 증발해 버릴 테니 이를 막기 위해서였어요.

카나트를 건설하려면 아주 정교한 기술이 필요해요. 지하수가 흐르는 층을 정확히 찾아내, 수로를 연결하고, 또 땅 위로 나누어 내보내야 하니까요. 결국 물을 구하려는 노력이 기술 발달을 이끈 셈이지요.

지금껏 남은 가장 오래된 카나트는 이란의 고나바드에 있어요. 그 길이만 해도 수십 킬로미터에 이르며 2,700년이 지난 지금도 사람들이 여기서 물을 얻지요. 유네스코 세계 문화유산이기도 해요.

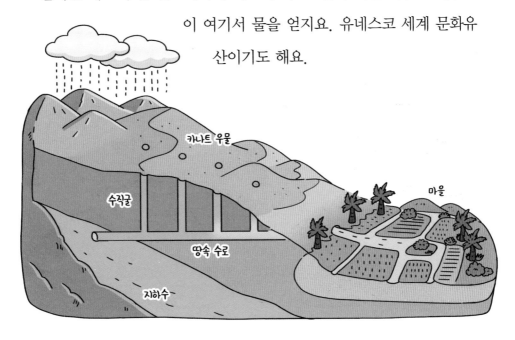

 **물 때문에 농사 어쩌나**

이집트 사람들은 일찍이 나일강 주변에 모여 살며 농사에 필요한 물을 구해 썼어요. 한편 아메리카 원주민은 비가 오래도록 내리지 않으면 하늘에 기우제를 지냈답니다.

나일강이 준 선물

이집트 문명은 나일강을 끼고 발전했어요. 사실 나일강은 아프리카의 여러 나라에 걸쳐 있는데, 두 물줄기가 합쳐져 사하라 사막을 지나고 이집트를 거쳐 지중해로 흘러가지요. 길이는 약 6,700킬로미터로, 세계에서 가장 큰 강 중 하나예요.

이집트에서 농사가 처음 시작된 것은 1만 2,000년 전으로 거슬러 올라가요. 이 지역은 강수량이 적어서 농사를 지으려면 물을 끌어다 써야 했어요. 다행히 나일강의 풍부한 물이 도움이 됐지요.

그뿐이 아니에요. 해마다 여름이면 홍수로 나일강이 넘쳐흘렀어요. 덕분에 기름진 흙이 실려 와 강가를 덮었지요. 사람들은 강가에 물이 빠지기 시작하는 11월에 씨를 뿌려서 이듬해에 곡식을 풍족하게 거두어들였답니다. 나일강의 홍수는 재난이 아니라 선물이었던 셈이에요. 이집트는 국토의 90퍼센트 이상이 사막인데, 지금도 농사 대부분은 나일강 주변에서 이뤄지고 있어요.

아메리카 원주민의 기우제

북아메리카에서 가을이 가기 전에 여름 같은 날씨가 잠시 이어지는 시기가 있어요. 이 현상을 인디언 서머(Indian summer)라고 해요. 이때는 비가 좀처럼 내리지 않아 농작물이 자꾸만 시들어 버려요. 그러면 원주민인 인디언은 기우제를 지내며 비를 내려 달라고 기도했어요.

인디언이 기우제를 지내면 꼭 비가 내렸다고 하는데, 그 비법이 무엇일까요? 비법은 그리 특별하지 않아요. 도중에 관두지 않고 모두가 힘을 합쳐 비가 올 때까지 기우제를 지냈지요. 극한 환경에서도 서로를 보듬어 위기를 견딘 것이에요.

옛날 우리나라에서도 가뭄이 들면 임금이 하늘에 기우제를 올렸어요. 가뭄이 길어지면 임금은 식사를 줄이며, 술을 마시지 않고, 죄인을 감옥에서 풀어 주었지요. 이렇게 스스로 돌아보고 조심해 하늘을 달래려 했답니다.

기술로 사막을 촉촉하게

사막 나라에서는 물을 안정적으로 얻으려고 바다에서 방법을 찾는 중이에요. 바닷물에서 소금기를 빼내면 민물이 되니까요. 공기 중 수분을 모아 물을 만드는 일도 이루어지고 있어요. 기술이 불러올 사막의 기적을 만나 봐요.

바닷물을 민물로

사우디아라비아는 사막이 많은 나라예요. 물이 심각하게 부족해 나라에서 물 사용량을 제한할 정도였지요. 2010년대에 와서 바닷물을 마실 수 있는 민물로 만드는 공장이 들어서기 시작했어요. 그러면서 하루에 수십만 톤에 이르는 민물을 생산하게 됐답니다. 기술이 발전하면서 생산량이 점점 늘고 있고요.

바닷물을 민물로 만드는 원리는 간단해요. 통 가운데 소금기를 걸러 주는 막을 두고 바닷물과 민물을 각각 부어요. 그러면 소금기가 낮은 민물 쪽에서 소금기가 높은 바닷물 쪽으로 물이 이동하는 삼투 현상이 일어나요. 이후 높아진 바닷물 쪽에 압력을 주면 소금기만 남고 물이 막을 빠져나와 물을 거를 수 있어요. 이뿐만 아니라 바닷물을 끓이거나 얼려서 소금기를 거르는 방법도 활용돼요.

사막 나라는 아니지만 우리나라도 바닷물을 민물로 바꾸는 해수 담수화 시설을 가지고 있어요. 동시에 전기를 생산하는 기술도 개발됐

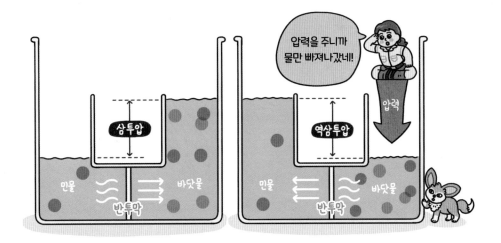

지요. 물 사정이 나쁜 섬 지역의 가뭄을 해결할 뿐 아니라 친환경 발전이어서 더욱 주목을 받아요.

사막의 공기로 물을 만든다?

사막의 공기는 매우 건조해서 습도가 20퍼센트 아래 수준이에요. 아무리 건조한 공기라도 수분이 약간은 있잖아요? 일부 사막 지역에서는 그물에 안개를 받아서 물을 모으기도 해요. 그런데 놀랍게도 공기에서 물을 뽑아내는 새로운 기술이 나왔어요. 이 장치는 밤새도록 공기 중 수분을 모았다가, 낮에 햇빛을 받으면 물을 내보내도록 설계됐지요. 안개조차 잘 끼지 않을 정도로 건조한 지역의 물 문제도 조만간 해결되지 않을까요? 아직은 시작 단계라 기술이 부족하지만, 과학자들은 사막의 극한 환경에서도 공기 중 수분을 더 효과적으로 모을 방법을 찾기 위해 노력하고 있어요.

사막의 물 관리

사막의 오아시스

- 오아시스: 사막 가운데에 샘이 솟고 풀과 나무가 자라는 곳. 농사를 지을 수 있어서 마을과 도시가 생김.
- 과거 비단길을 건너던 장사꾼들은 오아시스 도시에서 먹을거리를 얻고 물건을 사고팔았음. ➡ 오아시스 도시는 교통과 무역의 중심지로 발전했음. 오아시스를 차지하는 일은 정치적으로도 중요했음.

인류의 물 관리 기술

- 인류가 물을 인공적으로 구한 최초의 시설은 우물로, 기원전부터 우물을 만들어 썼음. ➡ 물을 퍼 올리는 기계인 수차도 발명됐음. 페르시아에서는 바퀴와 가축의 힘을 이용해 물을 댔음. ➡ 물을 곳곳에 보내는 수로를 건설해 조직적인 수도 체계를 마련함. 고대 로마는 수도 체계를 바탕으로 발전했음.
- 인류는 빗물을 받아 쓰다가 저장하는 시설을 만들었음. ➡ 저수지를 건축해 논밭에 물을 대거나 생활에 이용했음.
- 카나트: 건조 지역에서 증발을 막으려고 땅속에 만들어 놓은 수로. 산기슭에서 얻은 지하수를 땅속 수로를 통해 마을과 논밭으로 보냈음.

농사에 중요한 물

• 강수량이 적은 이집트에서 나일강은 중요한 물 자원이었음. 나일강은 해마다 넘쳐흘렀는데, 이로써 강가에 농사짓기 좋은 기름진 땅이 만들어졌음. 일찍부터 농사가 시작돼 지금까지 이어지고 있음.

• 북아메리카에는 가을이 가기 전에 여름 같은 날씨가 잠시 이어지는 인디언 서머가 찾아옴. 비가 좀처럼 내리지 않아 농사에 어려움을 겪는데, 원주민인 인디언은 기우제를 지내며 위기를 극복했음.

물 부족 문제를 해결할 기술

• 해수 담수화: 바닷물에서 소금기를 제거해 마실 수 있는 민물로 만드는 기술.

• 삼투-역삼투 원리: 막으로 바닷물과 민물을 분리해 놓으면, 소금기가 낮은 민물 쪽에서 소금기가 높은 바닷물 쪽으로 물이 이동함. 높아진 바닷물 쪽에 압력을 주면 소금기만 남고 물이 막을 빠져나와 물을 거를 수 있음.

• 아무리 건조한 공기라도 수분이 섞여 있음. 사막의 공기 속에서 수분을 모으는 기술을 개발 중임.

사막의 뜨거운 물 전쟁

요르단강은 레바논과 시리아에서 시작된 물줄기가 남쪽으로 흐르며 이스라엘을 지나 요르단에 이르는 강이에요. 이 지역에 흐르는 유일한 큰 강이어서 물싸움의 불씨가 되고는 했지요.

전쟁을 불러일으킨 요르단강

요르단강 주변은 비가 거의 내리지 않는 건조한 지역이에요. 생명의 젖줄인 요르단강을 둘러싸고 레바논, 시리아, 요르단, 이스라엘이 끊임없이 다툼을 벌이고 있지요.

1950년대 이스라엘은 수로를 지어 요르단강의 물을 끌어왔어요. 그러자 레바논, 시리아, 요르단이 거세게 반발했지요. 이후 1967년에는 시리아가 강 위쪽에 댐을 건설하려고 했어요. 여기에 위기를 느낀 이스라엘은 전쟁을 일으켜 시리아 땅이었던 물 자원이 풍부한 골란 고원을 차지해 버렸답니다.

다시 일어날 수 있는 물 전쟁

2002년, 레바논과 이스라엘은 심각한 대결을 벌였어요. 레바논의 하스바니강은 요르단강의 한 물줄기인데, 레바논이 하스바니강의 물을 끌어다가 가뭄을 겪는 마을에 보내려고 공사를 시작했거든요. 이스라엘은 공사를 멈추지 않으면 공격하겠다고 나섰어요. 물싸움이 다시 전쟁으로 이어질 기미를 보이자 미국이 나서서 두 나라를 달랬지요. 가까스로 전쟁을 피했지만 불씨는 여전히 남아 주변 나라들을 위협하고 있어요.

5화

이상 기후에 몸살 앓는 지구촌

환경 기후 위기가 불러온 문제

한눈에 쏙 기후 위기가 불러온 문제

한 걸음 더 아름다운 사막,

누가 지켜야 할까?

싸아아

그런데 좀 이상해.

뭐가?

우르르

우리나라 여름처럼 폭우가 쏟아질 분위기야.

꽈 꽝

하늘이 노하셨나 봐요.

그럴 리가요!

모두가 한뜻으로 빌었잖아요.

날씨는 자연 현상일 뿐이에요.

곧 그칠 테니 두고 보세요.

잠시 뒤

끼익~

아인아!

다 와서 폭우가 쏟아져서 좀 늦었단다.

훌쩍

훌쩍

요즘에는 사막에도 이상 기후가 나타나나 봐.

맞아,

얼마 전에 홍수로 데스밸리 국립 공원 문을 닫기도 했어.

정말요?

사막 나라인 두바이에도 폭우가 쏟아졌다는걸?

도대체 무슨 일이 벌어지고 있는 걸까?

우리는 물난리를 피할 도리가 없는데….

어쩌면 좋지?

약속!

내가 너희를 도울 방법을 꼭 찾을게!

기후 위기로 무슨 일이?

사막이 점점 넓어지고 있어요. 도시화와 산업화로 대기 중 온실가스가 급격히 늘면서 기온을 높였기 때문이에요. 지구 온난화로 이상기후가 나타나며 곳곳이 몸살을 앓고 있지요.

사막처럼 바뀌는 원인

1만 년 전에는 북아프리카의 사하라 사막이 푸른 초원이었을 거라고 해요. 초원이 사막으로 변한 까닭은 지구 자전축* 기울기가 달라졌기 때문이에요. 지구 자전축이 얼마나 기울어졌느냐에 따라 햇빛이 들어오는 양이 변해 기후에 영향을 미치니까요. 현재 지구 자전축 기울기는 23.5도이지만, 약 4만 년을 주기로 21.5도에서 24.5도를 오르락내리락해요. 이렇게 과거에는 자연적 원인으로 사막이 만들어졌지요.

오늘날, 사막화가 심각한 문제로 떠올랐어요. 사막화는 숲이 사라지고 물이 메말라 사막처럼 변하는 것을 말해요. 사막화가 일어나는 원인은 기후 변화 같은 자연적 원인 말고도 더 있어요. 무리하게 땅을 일구고, 대규모로 가축을 기르며, 숲을 마구 파괴했기 때문이에요. 인간의 욕심이 지구 온난화와 사막화를 더욱 부추기고 있어요.

★ **자전축** 지구가 스스로 회전할 때 기준이 되는 중심선으로, 지구는 자전축을 중심으로 하루에 한 바퀴씩 돎.

메말라 가는 나라들

세계적으로 해마다 600만 헥타르 땅이 사막처럼 변하고 있다고 해요. 이는 서울 면적의 100배에 해당하지요. 이미 많은 나라가 사막화로 고통을 겪고 있어요.

미국은 국토의 30퍼센트가 사막화되었어요. 특히 남서부는 20년 넘게 지독한 가뭄에 시달리고 있지요. 강과 저수지는 바닥을 보이기 일쑤고, 최고 기온 섭씨 50도에 이르는 폭염도 모자라, 곳곳에서 산불이 타올라 사람들을 위협해요.

유럽 남부도 사정이 비슷해요. 스페인에서는 폭염과 가뭄으로 저수지가 마르면서 옛 유적이 드러나기도 했어요. 지구 온난화가 이대로 계속되면 2100년에는 스페인이 사막으로 변할지 모른다는 무시무시한 예측도 나와요.

아시아의 사막화 비율은 37퍼센트로, 32퍼센트인 아프리카보다 높아 심각한 형편이에요. 기후 변화로 중앙아시아의 사막화가 두드러지고 있거든요. 이미 중국은 국토 27퍼센트 이상이 사막화되었어요. 몽골도 빠른 속도로 사막화가 진행되고 있고요. 중국과 몽골의 사막화는 우리 삶에 어떤 영향을 미칠까요?

스페인의 메마른 저수지

몽골과 중국의 사막이 넓어지면?

북반구 중위도에 위치한 우리나라는 서쪽에서 동쪽으로 치우쳐 부는 바람인 편서풍의 영향을 받아요. 편서풍은 대륙을 지나며 모래와 먼지를 싣고 와 황사를 일으켜요. 몽골과 중국의 사막화는 우리 삶에도 큰 변화를 불러올 거예요. 단순히 그 지역만의 문제가 아니랍니다.

난민 부른 사막화

몽골은 지구 온난화에 따른 기후 위기로 가장 큰 타격을 받은 나라예요. 지난 80년 동안 평균 기온이 섭씨 2.25도나 올랐지요. 전 세계와 비교해 두 배 넘는 수치예요. 연평균 강수량도 8퍼센트 가까이 줄어 국토의 90퍼센트가 사막화 위기에 놓였어요.

중국도 사막화가 심각해요. 사막화 면적이 해마다 30만 헥타르씩 늘어나는 데다, 건조한 북쪽 지역뿐 아니라 남쪽 지역에서도 사막화가 빠르게 진행돼 큰일이지요. 논밭이 사막으로 변하면서 일자리를 찾아 고향을 떠나는 사람이 늘어났어요.

위험한 황사

황사로 뒤덮인 서울

몽골과 중국의 사막화는 우리나라에 황사를 일으켜요. 사막의 누런 모래 먼지가 바람을 타고 와 우리나라를 뒤덮어 버리지요. 예전에는 봄철에만 황사가 심했는데, 요즘에는 때를 가리지 않고 황사가 날아오고 있어요. 두 나라의 사막화가 심각해졌기 때문이에요.

황사는 오늘날 갑자기 생겨난 현상일까요? 삼국 시대 역사를 정리한 《삼국사기》에 흙비, 그러니까 황사가 내렸다는 기록이 있어요. 오래전부터 있던 자연 현상이지만, 최근 황사가 더욱 위험한 까닭은 중국을 거칠 때 공장이나 발전소에서 나오는 오염 물질을 싣고 오기 때문이에요. 우리 몸에 쌓이면 건강을 해칠 위험이 있으니까요. 따라서 기상청이 황사 경보나 주의보를 내리면 되도록 실내에 머물러야 해요.

황사와 미세 먼지, 어떻게 다를까?

황사는 몽골과 중국의 사막 지대에서 날아오는 흙모래예요. 이에 반해 미세 먼지는 공장·발전소·자동차 등에서 나오는 오염 물질로, 크기가 눈으로 분간하기 어려울 정도로 아주 작아요. 초미세 먼지는 그보다 더 작고요. 작을수록 몸속 깊숙이 들어가기 때문에 더욱 해로워요.

나무 심고 물 대고

이제는 노력이 필요한 때예요. 사막화를 막는 가장 쉬운 방법은 나무를 심어 숲을 만드는 것이랍니다. 또한 물을 잘 관리하면 사막화를 예방할 수 있어요.

사막을 숲으로

2021년, 몽골 대통령은 사막화를 막는 가장 효과적인 방법은 숲을 가꾸는 일이라면서 2030년까지 나무 10억 그루를 심겠다고 발표했어요. 숲은 이산화 탄소를 흡수하는 능력이 있으므로, 지구 온난화의 원인인 온실가스를 줄이는 데도 한몫할 것이라고 내다보지요. 나무만 심는 게 아니에요. 기후 위기와 사막화 해결에 지원을 아끼지 않는 한편 친환경 산업에도 투자하기로 했지요.

우리나라는 2000년대부터 몽골과 중국의 사막화 지역에 나무 심는 사업을 벌이고 있어요. 이렇게 꾸준히 노력하다 보면 사막화를 막으면서 동시에 황사 피해도 줄일 수 있을 거예요.

리비아 대수로 공사

1953년 리비아 정부는 땅속에 석유가 묻혀 있는지 조사하다가 지하수를 발견했어요. 무려 35조 톤이나 되는 양이었지요. 나일강에서 200년 동안 얻을 수 있는 양과 맞먹는 수준이

리비아 대수로 공사 현장

에요. 리비아 정부는 지하수를 끌어 올려 도시에 공급하려는 대규모 계획을 세웠어요. 수로 공사가 시작돼 드디어 1996년 수도인 트리폴리에 물을 안정적으로 공급하게 되었지요. 총 길이가 4,000킬로미터에 이르는 수로 공사는 지금도 진행 중이랍니다.

수로를 만들기 전 리비아에서 농사지을 수 있는 땅은 국토의 1퍼센트에 불과했어요. 지금은 수로를 타고 물이 옮겨져, 한반도 면적의 여섯 배가 넘는 농경지를 얻었지요. 공사로 거둔 효과는 이뿐이 아니에요. 2010년대 다른 아랍 국가들은 정치적 불안에 시달렸지만, 리비아는 혼란을 피할 수 있었어요. 물을 안정적으로 관리했기 때문이에요. 지독한 가뭄은 갈등과 전쟁의 씨앗이 돼요. 실제로 2011년 시작된 시리아 내전은 심각한 가뭄이 원인이 되어 일어났다는 주장이 있어요. 긴 가뭄 탓에 농사를 포기하고 도시로 옮겨 간 사람이 많았거든요. 이로 말미암아 경제적·정치적 불만이 커져 결국 내전으로 번졌다는 분석이지요.

사막화를 막아라

지난 40년 동안 가뭄과 사막화로 해마다 1,200만 헥타르 면적이 피해를 입었다고 해요. 경제적 손실도 만만치 않아요. 인류는 크나큰 위기 앞에 놓여 있어요.

인간 스스로 불러온 재앙

사막화는 식량 부족 문제를 불러와요. 메마른 땅에서는 농작물이 잘 자라기 어려우니까요. 아프리카의 케냐에서는 10년마다 찾아오던 극심한 가뭄이 이제 매년 되풀이되고 있어요. 주요 농작물인 옥수수 농사가 어려워지면서 수백만 명이 배고픔에 시달리지요.

태풍이나 홍수 같은 자연재해와 비교하면 가뭄은 서서히 진행돼 한눈에 띄지 않아요. 하지만 가뭄이 오래 이어지면 사막화가 빨라지고 그 결과 식량 위기, 삶의 터전을 잃고 떠도는 환경 난민, 전쟁 등 불안을 줄줄이 낳지요.

사막화가 일어나는 원인은 크게 자연적 원인과 인위적 원인으로 나뉘어요. 자연적 원인이 차지하는 비율은 13퍼센트 정도이지만, 나머지 87퍼센트는 인간의 다양한 활동이 영향을 미쳤어요.

무리하게 농사를 짓고 대규모로 가축을 기르면서 땅이 메말라 가고 있어요. 뿌리에 물을 머금고 잎으로 이산화 탄소를 빨아들이는 숲이 사라지면 사막화 속도는 더 빨라질 수밖에 없지요. 그런데도 무분별

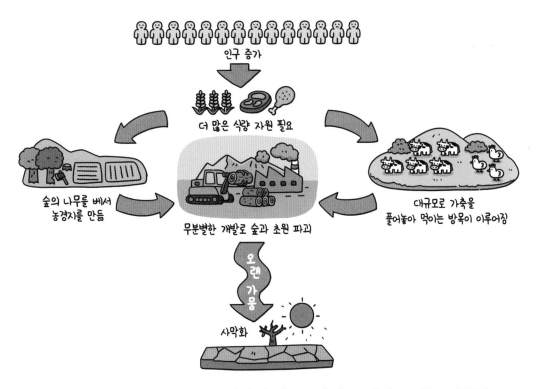

인구 증가

더 많은 식량 자원 필요

숲의 나무를 베서
농경지를 만듦

무분별한 개발로 숲과 초원 파괴

대규모 가축을
풀어놓아 먹이는 방목이 이루어짐

오랜 가뭄

사막화

한 개발로 숲이 더 빠르게 사라져 가요. 마치 브레이크 없는 자동차 처럼 내달리는 셈이랍니다.

사막화, 멈춰! 국제 사회의 약속

국제 연합(UN)은 사막화를 막고자 사막화 방지 협약을 내놓는 한편, 이를 기념하기 위해 6월 17일을 사막화 방지의 날로 정했어요. 사막 화 방지 협약은 아프리카 지역을 비롯해 심각한 가뭄과 사막화를 겪 는 나라들에 경제적·기술적 도움을 주어 피해를 줄여요. 나무를 심는 등 사막화 피해를 입은 생태계를 가꾸는 다양한 활동도 하고요. 현재 우리나라를 포함한 197개국이 가입해 힘을 보태고 있지요.

건강한 땅, 소중한 물

우리가 사는 지구에서는 물 한 방울도 그냥 사라지지 않아요. 물은 세상을 계속해서 돌고 도니까요. 그런데 환경 오염과 사막화로 깨끗한 물이 부족해지고 있어요. 소중한 물을 어떻게 지킬 수 있을까요?

우리가 함께 쓰는 물

물은 햇볕을 받아 수증기가 되고 하늘로 올라가 구름을 이루어요. 구름에서 떨어진 비는 바다로 흐르거나 땅속으로 스며들지요. 그 일부를 우리가 쓰는 거고요. 이렇게 물은 모습을 바꾸면서 하늘, 바다, 땅을 끊임없이 도는 순환을 해요.

그런데 산업이 발전하고 인구가 늘며 물 오염이 심각해져서 문제예요. 오염된 물이 다시 깨끗해지려면 오랜 시간이 걸리거든요. 요즘은 미세 플라스틱도 걱정이에요. 우리가 쓰고 버린 플라스틱이 쪼개지고 쪼개져 바다로 흘러들어 해양 생물과 우리 밥상까지 위협하고 있지요. 이렇듯, 물 오염은 사람뿐 아니라 생태계 전체에 커다란 영향을 미친답니다.

물을 깨끗하게 지키는 것뿐 아니라 아껴 쓰는 일도 중요해요. 물은 생활, 농업, 산업 등에 폭넓게 쓰이니까요. 우리가 입고, 먹고, 살아가는 모든 일에 물이 들어간다고 보면 돼요.

고기 중심 식생활은 물을 낭비하고 오염시킬 위험이 높아요. 예를 들어, 쌀 1킬로그램을 생산하는 데는 물이 2,500리터 들어가요. 그런데 소고기 1킬로그램을 생산하려면 물이 자그마치 1만 5,000리터 넘게 필요하지요. 가축을 대규모로 키우면서 오염 물질이 어마어마하게 쏟아져 나와 물을 더럽히기도 해요.

소중한 물을 지키려면?

지난 100년 동안 세계 인구는 두 배 증가했는데, 물 사용량은 여섯 배나 늘어났다고 해요. 게다가 기후 위기로 사막화가 빨라지면서 물 부족 문제는 나날이 심각해져 가요.

우리나라 연평균 강수량은 1,300밀리미터 안팎으로 풍부한 편이지만, 여름에 비가 집중돼 나머지 계절에는 가뭄이 종종 찾아와요. 2019년 국제 연합(UN)이 공개한 〈세계 물 보고서〉에 따르면 우리나라는 머지않은 미래에 물 부족에 시달릴 위험이 있어요. 제대로 된 대책을 마련해야겠지요?

지난 100년이 산업화를 이끈 석유의 시대였다면 앞으로는 푸른 황금인 물의 시대가 될 거라고 해요. 황금 같은 가치를 지닌 물, 소중히 여기고 아껴 써요!

기후 위기가 불러온 문제

기후 위기와 사막화

- 사막화: 숲이 사라지고 물이 메말라 땅이 사막처럼 변하는 현상. 사막화 피해가 커지며 세계적 문제로 떠오르고 있음.
- 대기 중 온실가스가 급격히 늘면서 지구 온난화가 일어났음. 이상 기후가 나타나면서 사막화가 심각해짐.
- 사막화는 기온이 오르거나 강수량이 줄어드는 등 자연적 원인으로 일어남. 여기에 인간 활동이 더해져 사막화를 부추김. 인위적 원인으로는 과도한 농업, 대규모 가축 사육, 숲 파괴 등이 있음.

사막화가 우리나라에 미치는 피해

- 북반구 중위도에 위치한 우리나라는 편서풍의 영향을 받음. ➡ 편서풍이 몽골과 중국의 사막을 지나며 모래와 먼지를 싣고 와 황사가 생김.
- 최근 황사가 더욱 위험한 까닭은 중국을 거칠 때 공장이나 발전소에서 나오는 오염 물질을 싣고 오기 때문임. 우리 몸에 쌓이면 건강을 해칠 위험이 있어서 조심해야 함.

사막화를 막는 방법

- 사막화를 예방하는 가장 효과적인 방법은 나무를 심어 숲을 만드는 것임. 숲은 지구 온난화를 막는 데도 도움을 줌.
- 사막화 예방에 있어 물 관리도 중요함. 한 예로, 리비아는 대수로 공사를 통해 사막과 황무지를 농경지로 바꾸었음. ➡ 물을 관리하면서 사회적 안정도 찾음.

사막화와 물 부족 문제 해결을 위한 노력

- 사막화가 빨라지면 식량 위기, 환경 난민, 전쟁 등 문제가 줄줄이 일어남. ➡ 국제 연합(UN)은 사막화를 막고자 사막화 방지 협약을 내놓는 한편, 6월 17일을 사막화 방지의 날로 정했음.
- 환경 오염과 사막화로 깨끗한 물이 부족해지고 있음. 물 부족 문제를 해결하려면 우리의 노력이 필요함.

한 걸음 더!

아름다운 사막, 누가 지켜야 할까?

드넓게 펼쳐진 사막 풍경은 어딘가 신비롭고도 아름답게 느껴져요. 그래서 일까요? 사막의 매력을 찾아 여행을 떠나는 사람도 많아요. 사막 나라 두바이도 그 가운데 하나예요.

두바이 사막 보존 지구

두바이는 아라비아반도에 위치한 나라로, 아랍 에미리트 연방에 속해요. 세계에서 가장 호화스러운 여행지로 잘 알려져 있지요. 물론 사막에서의 모험도 빼놓을 수 없어요.

두바이 정부는 몰려드는 여행자로부터 자연과 야생 동물을 보호하기 위해 특별한 조치를 마련했어요. 바로 정부가 출입을 관리하는 두바이 사막 보존 지구(DDCR, Dubai Desert Conservation Reserve)를 만든 거예요. 우리나라의 국립 공원과 비슷하다고 보면 돼요.

두바이 사막 보존 지구 풍경

여행을 좋아하지만 지구를 망치기 싫다면

두바이 사막 보존 지구는 이제 다양한 생물의 보금자리가 되었어요. 세계자연보전연맹(IUCN)의 인정을 받는 야생 동물 서식지이지요.

그런데 뜻밖의 결과가 나타났어요. 아라비아영양, 아라비아가젤

두바이 사막 보존 지구의 아라비아영양

등 희귀한 야생 동물을 울타리 너머에서라도 보려고 많은 사람이 찾아오고 있거든요. 출입을 허가받았더라도 사람이 차를 타고 사막을 왔다 갔다 하면 자연이 훼손될 위험이 커질 수밖에 없어요.

사실 자동차나 비행기 등을 이용한 먼 거리 여행은 온실가스를 엄청나게 내놓아요. 이는 지구를 더 메마르게 만드는 결과를 불러오지요.

여행을 하더라도 되도록 자연에 흔적을 남기지 않도록 노력해야 한답니다. 아무 곳에나 쓰레기를 버리고 동식물을 함부로 건드리는 행동은 피해야 해요.

1화 개념 – 사막은 무엇일까?

1 사막에 대해 누가 <u>틀리게</u> 말하고 있는지 골라 봐요.

① 연평균 강수량이 250밀리미터 미만인 지역이야.

② 물이 부족한 환경이어서 생명이 살아가기에 힘들지.

③ 사막을 정하는 중요한 기준은 기온이야.

④ 남극 대륙은 세계에서 가장 큰 사막이라고 해.

2 다음 글을 읽고 무엇에 대한 설명인지 〈보기〉에서 골라 봐요.

> 위도 30도 이내에 위치하는 사막이에요. 사하라 사막, 아라비아 사막, 타르 사막, 소노라 사막 등이 해당해요.

보기

열대 사막　　　온대 사막　　　한랭 사막

_____

3 다음 문장을 읽고 맞으면 ○, 틀리면 ×표시를 해 봐요.

- 적도 지방에서는 바닷물이 엄청나게 증발해 수증기로 변해요. (　　　)

- 차가운 한류의 영향을 받으면 비구름이 잘 만들어지지 않아요. (　　　)

- 우리나라에도 기준에 들어맞는 진짜 사막이 있어요. (　　　)

4 다음 그림을 살펴서 풍화 작용이 무엇인지 적어 봐요. 서술형 문항 대비 ✔

바위　　돌과 모래　　흙

----

1 다음 그림과 설명을 보고 알맞은 단어를 각각 적어 봐요.

비, 구름, 바람, 기온 등으로 보는
그날의 대기 상태

㉠ :
_____

일정한 지역에서 여러 해에 걸쳐
나타난 날씨의 평균 상태

㉡ :
_____

2 다음 글이 설명하는 인물 이름을 적어 봐요.

> 식물이 자라는 범위에 기후가 영향을 크게 미친다는 사실에 주목해 기후 분류법을 생각해 낸 인물이에요. 그 분류법에 따르면 세계 기후는 크게 열대 기후, 건조 기후, 온대 기후, 냉대 기후, 한대 기후 등으로 나뉘어요.

_____

3 다음 문장을 읽고 맞으면 ○, 틀리면 ✕ 표시를 해 봐요.

- 우리나라는 냉대 기후와 온대 기후가 섞여 나타나요. (　　　)

- 우리나라는 계절풍 영향으로 여름에는 덥고 습한 반면, 겨울에는 춥고
  건조해요. (　　　)

- 우리나라는 동서 지역의 기온 차이가 크지 않아요. (　　　)

4 다음 글을 읽고 무엇에 대한 설명인지 〈보기〉에서 골라 봐요.

> 사막 주변에 나타나는 기후로, 사막보다는 강수량이 많아서 초원이 이루어
> 져요. 이 지역에 사는 사람들은 가축을 기르며 물과 풀을 찾아 옮겨 다니는
> 유목 생활을 해 왔지요.

 보기

　　　　　고산 기후　　　　사막 기후　　　　스텝 기후

_____

1 다음 글을 읽고 무엇에 대한 설명인지 〈보기〉에서 골라 봐요.

- 아라비아 반도와 그 주변 사막 지역에서 살아온 민족이에요.
- 유목 생활을 하며, 하늘의 태양과 별자리를 보고 길을 찾아요.
- 낙타를 탈것인 동시에 의식주 생활에 이용해요.

 보기

나바호족   베두인족   튀르크족

_____

2 알맞은 설명을 찾아 선으로 이어 봐요.

① 이집트 •

② 우리나라 •

③ 몽골 •

• ㉠ 이동하며 생활하기 편하도록 천막집을 지었어요.

• ㉡ 여름에는 마루에서, 겨울에는 온돌에서 지냈어요.

• ㉢ 낮과 밤의 기온 차이를 견디려고 흙벽을 쌓았어요.

3 다음 글이 설명하는 것을 골라 봐요.

> 낮 동안에는 기공을 닫고 있다가 밤에만 열어 두어요. 가시를 가지고 있는 것도 수분이 날아가는 것을 막기 위해서예요.

① 선인장   ② 바오밥나무   ③ 웰위치아

4 사막여우는 몸집에 비해 귀가 커요. 귀가 이렇게 커다란 이유는 무엇일까요? 서술형 문항 대비 ✔

4화 생활 – 사막의 물 관리

1 다음 글을 읽고 무엇에 대한 설명인지 적어 봐요.

> 사막 가운데에 샘이 솟고 풀과 나무가 자라는 곳이에요. 사막 사람들은 물을 구하기 쉬운 이 주변에서 대추야자를 비롯해 농작물을 길러요.

_____

2 카나트는 건조 지대에서 땅속에 만들어 놓은 물길이에요. 땅속에 수로를 만든 이유는 무엇일까요? 서술형 문항 대비 ✔

_____

_____

_____

_____

_____

_____

3 다음 글을 읽고 괄호 안에 공통으로 들어갈 단어를 적어 봐요.

> 이집트 문명은 (   )을 끼고 발전했어요. 여름이면 (   )이 넘
> 쳐흘러 기름진 흙이 강가를 덮었지요. 이러한 환경 덕분에 농업이 발전할
> 수 있었어요.

보기

갠지스강   나일강   요르단강

_____

4 다음 문장을 읽고 맞으면 ○, 틀리면 ×표시를 해 봐요.

• 해수 담수화는 바닷물을 민물로 바꾸는 기술이에요. (   )

• 우리나라에는 해수 담수화 시설이 없어요. (   )

• 사막의 공기는 건조해서 수분이 전혀 없어요. (   )

5화 환경 – 기후 위기가 불러온 문제

1 사막화를 일으키는 원인은 크게 두 가지로 나눌 수 있어요. 하나는 자연적 원인이고, 다른 하나는 인위적 원인이에요. 인위적 원인이 <u>아닌</u> 것을 골라 봐요.

① 자전축 기울기에 따라 기후가 변했기 때문이다.

② 농사지을 땅을 무리하게 넓혔기 때문이다.

③ 대규모로 가축을 길렀기 때문이다.

④ 나무를 베어 숲을 파괴했기 때문이다.

2 다음 글을 읽고 무엇에 대한 설명인지 적어 봐요.

> 몽골과 중국의 사막 지대에서 날아오는 흙모래예요. 전에는 봄철에 심했지만 이제는 계절을 가리지 않고 찾아와요. 중국을 거칠 때 공장이나 발전소에서 나오는 오염 물질을 싣고 오기 때문에 우리 건강을 해칠 위험이 있어요.

_____

3 오늘날 사막화는 심각한 문제로 떠올랐어요. 사막화를 막는 방법에 어떤 것이 있을까요? 서술형 문항 대비 ✔

---

4 물은 모습을 바꾸며 하늘, 바다, 땅을 끊임없이 순환해요. 괄호 안에 들어갈 단어를 〈보기〉에서 골라 각각 적어 봐요.

보기

구름   빗물   수증기

(ⓛ   )이
되었다가
땅으로 떨어져요.

물이
(㉠   )가
되어 하늘로 올라가요.

(ⓒ   )은
바다로 흐르거나
땅속으로 스며들지요.

1화

1. ③

⋯ 사막을 정하는 기준은 기온이 아닌 강수량이에요. (☞ 16~17쪽)

2. 열대 사막

⋯ 열대 사막에 대한 설명이에요.
(☞ 18쪽)

3. O, O, X

⋯ 우리나라에는 기준에 들어맞는 진짜 사막은 없어요. 다만 사막처럼 보이는 곳이 있는데, 충청남도 태안의 신두리 해안 사구예요. 바람에 옮겨진 모래가 쌓여서 만들어졌어요. (☞ 20~21쪽)

4. 본문을 참고해 적어 봐요.

⋯ 풍화 작용은 암석이 오랜 세월 햇볕, 공기, 물 따위의 영향을 받아서 점점 부스러지는 일이에요. 단단한 암석도 풍화 작용을 오래 받으면 바위, 돌, 자갈, 모래, 흙으로 점점 잘게 부서져요. (☞ 22쪽)

2화

1. ㉠ 날씨, ㉡ 기후

⋯ 날씨는 하루하루 바뀌는 대기의 상태이고, 기후는 어느 지역에서 여러 해에 걸쳐 나타난 날씨의 평균 상태예요. (☞ 36~37쪽)

2. 쾨펜

⋯ 기상학자 쾨펜에 대한 설명이에요.
(☞ 38~40쪽)

3. O, O, X

⋯ 우리나라는 계절풍을 막아 주는 태백산맥과 깊은 동해의 영향으로 동서 지역의 기온 차이가 큰 편이에요. (☞ 40~41쪽)

4. 스텝 기후

⋯ 스텝 기후에 대한 설명이에요. (☞ 43쪽)

3화

1. 베두인족

⋯ 베두인족에 대한 설명이에요. (☞ 56쪽)

2. ①-㉢, ②-㉡, ③-㉠

⋯ 사막 기후인 이집트에서는 낮과 밤의 기온 차이를 견디려고 흙벽돌로 벽을 쌓았어요. 사계절이 뚜렷한 우리나라는 마루와 온돌을 놓아 여름과 겨울을 보냈지요. 몽골 사람들은 이동식 천막집 게르를 지어 유목 생활을 했답니다. (☞ 58~59쪽)

3. ① 선인장

⋯ 선인장에 대한 설명이에요.
(☞ 60~61쪽)

4. 본문을 참고해 적어 봐요.

⋯ 사막여우의 큰 귀는 열을 몸 밖으로 내보내기에 좋고, 작은 소리도 놓치지 않게 해요.
(☞ 63쪽)

4화

1. 오아시스

⟶ 오아시스에 대한 설명이에요.
(☞ 74~75쪽)

2. 본문을 참고해 적어 봐요.

⟶ 땅 위로 흐르면 열기에 물이 증발해 버려서 땅속에 수로를 만들었어요. (☞ 79쪽)

3. 나일강

⟶ 나일강에 대한 설명이에요. (☞ 80~81쪽)

4. O, X, X

⟶ 우리나라도 해수 담수화 시설을 가지고 있어요. 물 사정이 나쁜 섬 지역의 가뭄을 해결해 주지요. 아무리 건조한 사막이라도 공기 중에 수분이 섞여 있어요. 사막의 수분을 모아 물을 만드는 기술을 연구하는 중이에요. (☞ 82~83쪽)

5화

1. ①

⟶ 사막화는 숲이 사라지고 물이 메말라 사막처럼 변하는 것을 뜻해요. 자연적 원인으로는 기후 변화가 있고 인위적 원인으로는 과도한 농사와 가축 사육, 숲 파괴 등이 있어요. (☞ 94쪽, 100~101쪽)

2. 황사

⟶ 황사에 대한 설명이에요. (☞ 97쪽)

3. 본문을 참고해 적어 봐요.

⟶ 사막화를 막는 가장 쉬운 방법은 나무를 심어 숲을 만드는 것이에요. 효율적 물 관리는 사막화 예방에 중요한 역할을 하지요.
(☞ 98~99쪽)

4. ㉠ 수증기, ㉡ 구름, ㉢ 빗물

⟶ 물은 수증기로 증발해 하늘로 올라가요. 구름으로 변했다가 무거워지면 땅으로 떨어져요. 빗물은 바다로 흐르거나 땅속으로 스며들지요. (☞ 102쪽)

찾아보기

초등 교과 과정에 알맞게 개발한 통합교과 정보서

참 잘했어요 과학

하나의 과학 주제를 다양한 분야에서 살펴보는 통합교과 정보서입니다.
재미있는 스토리와 서술형 평가에 대비하는 워크북도 함께 실었습니다.
서울과학교사모임의 꼼꼼한 감수로 내용의 정확도를 높였습니다.

글 신방실 외 | 그림 시미씨 외 | 감수 서울과학교사모임 | 값 1~10권 10,000원, 11~25권 11,000원, 26~34권 13,000원